新农村建设丛书

西瓜甜瓜栽培技术

张广臣　主编

吉林出版集团股份有限公司

吉林科学技术出版社

图书在版编目（CIP）数据

西瓜甜瓜栽培技术／张广臣主编 . —长春：
吉林出版集团股份有限公司，2009.6（2025.1重印）
（新农村建设丛书）
ISBN 978-7-80762-625-1

Ⅰ．西… Ⅱ．张… Ⅲ．①西瓜－蔬果园艺②甜瓜－蔬菜果园艺
Ⅳ．S65

中国版本图书馆 CIP 数据核字（2009）第 094219 号

西瓜甜瓜栽培技术
XIGUA TIANGUA ZAIPEI JISHU

主　　编　张广臣
责任编辑　李婷婷
开　　本　850mm×1168mm　1/32
字　　数　136 千
印　　张　5.125
版　　次　2009 年 6 月第 1 版
印　　次　2025 年 1 月第 16 次印刷
印　　刷　三河市元兴印务有限公司

出　　版　吉林出版集团股份有限公司
　　　　　吉 林 科 学 技 术 出 版 社
发　　行　吉林出版集团股份有限公司
社　　址　吉林省长春市福祉大路 5788 号
邮　　编　130000
电　　话　0431-81629968
电子邮箱　11915286@qq.com
书　　号　ISBN 978-7-80762-625-1
定　　价　29.80 元

出版说明

  《新农村建设丛书》是一套针对"农家书屋""阳光工程""春风工程"专门编写的丛书，是吉林出版集团组织多家科研院所及千余位农业专家和涉农学科学者倾力打造的精品工程。

  丛书内容编写突出科学性、实用性和通俗性，开本、装帧、定价强调适合农村特点，做到让农民买得起，看得懂，用得上。希望本书能够成为一套社会主义新农村建设的指导用书，成为一套指导农民增产增收、提高自身文化素质、更新观念的学习资料，成为农民的良师益友。

目　　录

第一篇　西瓜栽培技术

第一章　西瓜栽培的生物学基础

第一节　植物学性状

一、根

西瓜植物的根由主根、多级侧根和不定根组成。其根系为主根系，入土范围广而浅，呈圆锥形。垂直主根的长度一般为1～1.5m，水平生长的侧根有时可长达2～3m。主根和侧根的作用是扩大根系的入土范围，使之伸长、固定，主、侧根的先端根尖的表皮及各级侧根上着生的根毛是根系的主要吸收部分。大多数根毛均生长在二级、三级侧根上。西瓜根毛的数量极多，一株西瓜有根毛10万多条，吸收面积可5m² 左右。因此，西瓜具有较强的耐旱能力。

二、茎

西瓜是蔓性草本植物，其茎蔓在苗期呈直立状，5片真叶后伸蔓匍匐地面生长。西瓜的茎包括子叶节以下的下胚轴和以上的地上茎。下胚轴呈圆或椭圆形，长度不超过5～10cm；地上茎具棱，有分枝。

西瓜的茎蔓分节，节间长度一般为12cm左右，每节上除有叶片和花（果）外，还长有卷须。但基部5～6节短缩，不长卷须。卷须的作用是攀缘缠绕固定，防止有风翻秧。

西瓜的主蔓发达，常可伸长达3～5m或更长，主蔓养分充足，一般在主蔓上选留雌花坐果为好。

三、叶

（一）子叶

西瓜子叶肥厚，椭圆形，大小与品种的种子大小有关，所含的营养物质可为种子萌发提供足够的养料。子叶出土后，随着胚芽的生长展开，叶肉细胞中形成叶绿体，营养光合作用，为瓜苗的生长发育制造有机养料。

（二）叶

西瓜的叶为单叶，互生，叶序为 2/5，由叶柄和叶片构成，无托叶。成长叶常呈灰绿或深绿色，大小常因种类、品种不同而差别很大，长为 8～22cm、宽为 5～24cm。叶片的主要作用是进行光合作用，制造养分，供根、茎、叶、花果的生长。

全叶密被茸毛和蜡质。表皮毛分有腺和无腺多细胞毛两种。

西瓜的叶片长在茎蔓的节上，每节一片，单叶互生。最初的 2～3 片叶片是全缘或有浅裂，3～5 片叶后均具有 3 个羽状深裂片。裂片和茎叶上遍生茸毛，是西瓜对干旱环境条件的一种适应。

四、花

（一）花

西瓜花腋生，单花；花单性，有雄花、雌花，间有少数两性花。性型为雌雄异花同株，具两性花植株为雄花与两性花同株。

雄花在主蔓 4～5 节叶腋着生，当雌花形成后，连续数节与雌花相间着生。早熟品种从主蔓 5～7 片真叶叶腋着生第 1 雌花，中晚熟品种从 7～9 片真叶叶腋着生第 1 雌花，以后间隔 3～6 节再着生 1 朵雌花，子蔓上雌花着生节位较主蔓低。

雄花的花萼管状，5 裂，裂片窄披针形；花瓣 5 枚，基部合生、辐状，卵状椭圆形，鲜黄色；雄蕊原基 5 个，其中 2 对联合，1 个单生，呈圆盘状排列，花药呈"S"形折曲。雌花子房下位，球形、卵形或矩圆形，心皮 3 个愈合成假 3 室，侧膜胎座，雌蕊柱头 3 裂，肾形，子房中心皮和心皮外组织无明显界限，心皮的边缘，首先向内心弯曲，在腔室之间形成分隔，然后，心皮边缘再向离心弯曲，每一腔室再被隔开，胎座也是弯曲的，并向心延伸。

（二）子房

西瓜子房的大小和形态与品种和栽培条件有关，长果形品种的子房呈长圆筒形，圆果形品种的子房呈圆形。子房的大小亦与植株的营养条件有关，主蔓或侧蔓上初期形成的雌花子房小，第2雌花至第3雌花的子房较大，子房大而充实时，坐果率也相应提高。

五、果实

西瓜的果实为瓠果，由果皮、果肉和种子三部分组成。果皮由子房壁和花托共同发育而成，食用的果肉部分则为肥厚的胎座，颜色有乳白、黄、深黄、橙红、淡红、玫瑰红和大红等。果实的形态多样，可分为圆形、高圆形、短圆筒形、长圆筒形等。

果实的大小依不同品种而异，单瓜重多在 2～10kg 之间，大者 15～20kg、小者 0.5～1kg。一般早熟品种果实较小，单瓜重 2.5～3.5kg；中熟品种较大，4～5kg；晚熟品种最大，6～7.5kg 以上。

果皮的色泽，可以分浅色（白色或淡绿色），其中有的无细网纹，如澄选 1 号，有的有细网纹，如富研；条纹花皮，如京欣 1 号、郑杂 5 号，底色一般为绿色，其深浅程度则因品种而异，覆有深绿或墨绿色的条带，条带可以分为窄条带和宽条带，有齿或无齿；墨绿色皮或近黑色皮，如蜜宝，有的具隐条。

不同品种间果皮的厚度差异较大，薄皮类型品种的果皮厚不足 1cm，可食部分高达 65％～70％；厚皮类型品种的皮厚在 1.5cm 以上，可食部分为 55％～60％；中间类型品种皮厚 1～1.2cm，可食部分为 60％～65％。果皮的厚度和硬度与品种的运输和贮藏性能有关，黑皮类型果皮的硬度较大，贮运性较好。

六、种子

西瓜的种子扁平，宽卵圆形或矩形，具有缘和眼点，由种皮和胚组成。种皮坚硬，表皮平滑或有裂纹，有的具有黑色麻点或边缘具黑斑，分为脐点部黑斑、缝合线黑斑或全部具褐色斑点。种子的色泽变化很大，可分为白色、黄色、红色、褐色和黑色等。不同品种种子的色泽和深浅均有差异。

种子的发芽能力因贮藏条件而异，种子在 0℃～5℃、空气干燥的条件下，可贮藏 20 年左右。一般条件下，西瓜种子的使用年限为 1～2 年，种子寿命为 4～6 年。种子的千粒重：大粒种子类型为 100～150g，中粒类型为 40～60g，籽瓜类型为 150～200g，小粒种子类型仅 20～25g。

第二节 生长发育周期

一、发芽期

从种子萌动到两枚子叶展开并充分长平，真叶露出，为发芽期，称为"露心"。此期时间长短主要取决于土温，土温 17℃～20℃时，经 8～10 天完成。发芽期幼苗生长量和生长速度很小，但子叶有极高的同化功能，同化产物输入胚轴。栽培上应创造良好的发芽条件，促进发根和叶原基的分化，但子叶出土后应适当控制温度，以防徒长。西瓜种子发芽要求适宜的温度、水分和氧气，在适宜发芽条件下发芽迅速，幼芽苗壮，可明显提高发芽率和出苗率。遇到不适条件将引起沤子、芽干等生理障碍，造成缺苗断垄。

二、幼苗期

西瓜从第 1 片真叶显露到团棵为幼苗期。团棵是幼苗期与伸蔓期的临界特征。团棵期的幼苗具有 5 片真叶，茎的节间很短，植株呈直立状态，生长点分化的叶原基已有 17 节左右，各节的叶腋中还进行侧枝、卷须、雌雄花各器官的分化。团棵之后随着节间伸长开始匍匐生长，在适宜温度条件下幼苗期需 25～30 天。

西瓜在幼苗期植株的生长量小，但生长速度快，要勤铲蹚、控制浇水来提高地温，促进根系生长和器官的分化。

三、伸蔓孕蕾期

西瓜从团棵到主蔓第 2 雌花开花为伸蔓期，也称为"孕蕾期"或"甩条发棵期"。团棵后地上部营养器官开始旺盛生长，茎蔓迅速伸长，叶数逐渐增加，叶面积扩大，孕蕾开花，侧芽萌发形成侧枝，株冠扩大开始匍匐生长，根系继续旺盛生长，分布体积和根量急剧增长。这一现象表明西瓜在伸蔓期的生长发育特点是同化器官和吸收器官急剧增长，生殖器官初步形成，已为转入生殖发育奠定了物质基础。在 20℃～25℃ 的适温条件下，伸蔓期需 18～20 天。这一阶段可以雄花始花期为界限，将伸蔓期划分为伸蔓前期和伸蔓后期两个分期。

（一）伸蔓前期

西瓜从团棵到雄花始花期为伸蔓前期。此期随着节间伸长开始伸蔓，叶数迅速增加，但单株叶面积较小，出现侧枝并孕蕾开花。该阶段应继续促进根系发育和茎叶健壮生长，扩大同化面积，提高光合效率，以积累更多的同化物质，为花器官的正常发育奠定物质基础。因此在团棵时应集中施肥并及时浇水，特别是早熟品种更应重视提苗促秧，扩大同化面积。

（二）伸蔓后期

西瓜从雄花始花期到主蔓第 2 雌花开花为伸蔓后期。此时根、茎、叶均在旺盛生长，第 2 雌花正处于现蕾开花之际。此期应调节、平衡营养生长与生殖发育的关系，控制植株顶端生长优势，防止茎叶生长过盛而出现"疯秧"，以促进第 2 雌花发育。特别是生长势强的品种更应注意控秧，避免由于营养生长过于旺盛而降低坐果率。

四、结果期

西瓜从第 2 雌花开花到果实生理成熟为结果期，在 25℃～

30℃条件下需 28～40 天。结果期所需日数的长短主要取决于品种的熟性和当时温度状况，一般早熟品种所需天数较短，晚熟品种则需 35 天以上。

西瓜在结果期，果实形态将发生"褪毛""变色""定个"等形态变化，依据上述形态特征可将结果期分为坐果期、果实生长盛期和变瓤期 3 个时期。

（一）坐果期

西瓜从第 2 雌花开花到果实褪毛为坐果期，在 25℃～30℃ 适温条件下需 4～6 天。雌花受精后子房开始膨大，"倒扭"表明受精过程已经完成。当幼果生长至鸡蛋大小时，果实表面的茸毛开始稀疏不显，并呈现明显光泽，这一现象称为"褪毛"。"褪毛"是坐果期和果实生长盛期的临界特征，表明幼果已彻底坐稳，无异常情况不再发生落果现象，并开始转入果实生长盛期。坐果期茎叶继续旺盛生长，果实生长速度较快，但绝对生长量较小，果实细胞的分裂增殖主要是在该阶段进行。

坐果期是西瓜从营养生长为主向生殖发育为主过渡的转折期，长秧与坐果对营养竞争较为激烈，是决定西瓜坐果与落果的关键时期。由于此时处于开花坐果阶段，果实生长优势尚未形成，仍以茎叶生长为主体，容易发生疯秧而导致落花落果。如果管理不当或"促""控"技术不协调，以及降雨较多、浇水偏大，氮肥过量均会引起"疯秧"而降低坐果率。

（二）果实生长盛期

西瓜从果实"褪毛"到"定个"为果实生长盛期，也称为"膨瓜期"，在 25℃～30℃ 的适温条件下需 18～24 天。"定个"是指果实的体积已基本定型，果皮开始变硬、发亮，果实表现的蜡粉逐渐消失等。

在果实生长盛期，植株鲜体重或干物重的绝对生长量和相对生长量最大，叶面积在"定个"前后达到最大值。果实生长优势已经形成，植株体内的同化物质大量向果实运转，果实已成为此时的生长中心和营养物质的输入中心，果实直径和体积急剧增长，从而进入果实膨大盛期，这一时期是决定西瓜产量高低的关键时期。

在果实生长盛期，虽然茎叶和果实均迅速增长，但以果实增长为主体，此时对肥水的需要达到最高峰，应最大限度地满足西瓜对肥水的需要。如果肥水供应不足，不仅果实不能充分膨大而减产，也容易发生果实发育对茎叶生长的抑制作用——"坠秧"，并导致脱肥和早衰。

（三）变瓤期

西瓜从"定个"到生理成熟为变瓤期，在适温条件下需 7～10 天。在变瓤期，植株日趋衰老，长势明显减弱，基部叶片开始枯黄、脱落，叶面积略有降低，果实体积和重量的增长逐渐减慢，最后处于停滞状态。此时主要是果实内部发生一系列生化反应，表现为胎座细胞色素含量增加，瓜瓤着色并逐步呈现品种固有色泽，果实汁液中还原糖含量下降，果糖、蔗糖含量增加，甜度明显提高；胎座的薄壁细胞充分扩大，细胞间隙中胶层解离，果实的比重下降；瓤质变软，果皮变硬，果实表现的花纹明显清晰；种皮着色、硬化并逐渐成熟。变瓤期对产量影响较小，是决定西瓜品质优劣的关键时期。此时应减少浇水，注意雨后排水，确保果实品质。

第三节　对环境条件的要求

一、温度

西瓜为葫芦科西瓜属一年生蔓性草本植物，原产于南非热带沙漠地区，属耐热性作物，在整个生长发育过程中要求较高的温度，不耐低温，更怕霜冻。西瓜生长所需最低温度为 10℃，最高温度为 40℃，最适温度为 25℃～30℃。西瓜在不同生育期对温度要求不同，种子发芽期适温为 28℃～30℃，15℃以下或 40℃以上，发芽困难。因此，春露地直播适期应在当地地温稳定在 15℃以上时进行；幼苗期适温为 22℃～25℃；抽蔓期最适温为 25℃～28℃；结果期适温为 25℃～32℃。其中，开花期为 25℃，果实膨大和成熟期为 30℃较好。从雌花开放到果实成熟积温为 800℃～1 000℃，整个生育期需积温 2 500℃～3 000℃，因此，果实生育期间，在适温范围内，温度越高，果实成熟越早，且品质越好。当温度超过 40℃时，植株受到抑制。除常规露地栽培外，西瓜对冬春棚室也有一定的适应能力，适温范围为夜温 8℃，昼温 38℃～40℃。昼夜温差为 30℃左右时，仍能正常生长结果。但最适坐果温度为 25℃，低于 18℃果实易畸形。

二、光照

西瓜属喜光作物，生长期间需充足的日照时数和较强的光照率，一般每天应有 8～12 小时的日照，幼苗期光饱和点为 8 万 lx，结果期达 10 万 lx 以上。光照充足，植株生长健壮，茎蔓粗壮，叶片肥大，组织结构紧密，节间短，花芽分化早，坐果率高；光照不足，阴雨连绵，植株细弱，节间伸长，叶薄色淡，光合作用弱，易落花及化瓜。因此，西瓜与其他作物间套作时，须尽量减少二者的共生时间，以免西瓜遮阴。同时，也要注意 6～7 月日照过强时，西瓜裸露部分失水太多，形成坏死斑，即所谓"日烧病"发生。应在果实生长中、后期及时盖瓜或在留瓜节上保留一条侧蔓遮挡强光直射果面。

三、水分

西瓜叶蔓茂盛，果实硕大且含水量高，因此，耗水量大。西瓜不同生育期对水分要求不同。发芽期要求土壤湿润，以利种子吸收膨胀，顺利发芽；幼苗期，植株适应干旱能力较强，适当干旱可促进根系扩展，增强抗旱能力，减少发病，促进幼苗早发；抽蔓前期适当增加土壤水分，促进发棵，保证叶蔓健壮；开花前后则应适当控制水分，防止植株徒长，跑蔓化瓜；结果期需水最多，特别是结果前、中期果实迅速膨大，应及时供应充足的水分，促进果实迅速生长，果实定个后，应及时停水，以利糖分积累。

西瓜忌湿怕涝，一旦瓜田被淹或地下水位过高，就会导致土壤缺氧，植株窒息死亡。结果期若阴雨连绵，则坐瓜困难，病害蔓延，产量降低。因此，西瓜排水防涝工作万分重要。

气候干燥对西瓜栽培极为有利。较低的空气湿度，能促进果实成熟，提高果实含糖量；空气湿度过高，果实叶淡、皮厚、品质差，且易感病。在开花授粉的早晨，若空气湿度不足，常因花粉不能正常萌发而影响坐果。生产上多利用清晨相对湿度较高时进行人工授粉，也可人工喷水，或开花前畦面灌水加以防止。

四、土壤

西瓜对土壤要求不严，比较耐旱，耐瘠薄。但西瓜根系好氧，需要土壤空气充足，最适排水良好、土层深厚的壤土或沙壤土。沙土地一般比较瘠薄，肥料分解和养分消耗、流失较快，植株生育后期会出现脱肥现象，生长势转弱、衰老、发病。因此，合理增施肥料是沙地增产的关键措施。新开垦的生荒地和黏土地通气不良，地温低，发苗慢，果实成熟晚，品质较差。但植株不易早衰，蔓叶维持时间长，适合中晚熟品种及多次结果的栽培方式。若加强温度及肥水管理，同样可获得优质丰产。

西瓜喜中性土壤，但对土壤酸碱度适应性较广，在 pH 值 5～7 范围内均可正常生长发育。西瓜对盐碱较为敏感，如果土壤含盐量高于 0.2%，西瓜就不能正常生长。此外，土壤黏重、地下水位过高、地势低洼、容易积水的地块及重茬地均不宜栽种西瓜。

五、肥料

西瓜生长期短，生长快，单位面积产量高，需肥量大，加之西瓜多种植于沙壤土或瘠薄沙土，更需要供应充足的肥料。西瓜正常生长发育以氮、磷、钾最为重要。氮肥可促进蔓、叶生长，保持植株健壮，为果实形成与膨大提供营养基础；磷能促进根系发育，增进碳水化合物运输，有利于果实糖分积累，改善果实风味；钾能促进茎蔓生长健壮，提高茎蔓韧性，增强防风、抗寒、抗病虫能力，增进果实品质。西瓜在整个生育期对氮、磷、钾的吸收量以钾为最多，氮次之，磷最少，氮、磷、钾的比例为 3.28：1：4.33。西瓜在不同生育期对三者的需要量和吸收比例不同。西瓜在发芽期吸肥量最少，仅占总吸肥量的 0.01%；在幼苗期吸肥量较少，占总吸肥量的 0.54%；在抽蔓期吸肥量增多，约占总吸肥量的 14.67%。这三个时期以营养生长为主，吸收氮肥比例较大，但仍需氮、磷、钾合理搭配，切忌偏施单一氮肥；在结果期吸肥量最多，占总吸肥量的 85%，其中 77.5% 是植株在果实膨大期吸收的。生产上幼苗期应以氮、磷为主，抽蔓期以氮、钾为主，结果期则以钾、氮为主。一般幼苗期、抽蔓前期，以及植株生长势较弱、叶色较淡时，可适当增施一些氮肥；果实发育期适当增施一些磷肥和钾肥，切忌大量施用氮肥，以免影响果实品质。

在西瓜的生育期中，应该基肥和追肥并用。特别是在沙壤土和瘠薄沙地种植西瓜时，除供给西瓜生长所需养分，防止脱肥引起植株早衰外，基肥还能改善土壤结构，提高植株综合抵抗不良环境的能力。由于西瓜单株营养面积较大，单位面积株数较少，为经济实用，基肥可 1/3 结合深翻整地，全田撒施，以促进西瓜不定根吸收；1/3 沟施或穴施。一般按每公顷西瓜产量 27 500kg 计算，每公顷约需纯氮 172.5kg（硫酸铵 825kg/hm²）、纯磷 127.5kg（磷酸钙 675kg/hm²）、纯钾 150kg（硫酸钾为 300 kg/hm²）。

练习题

1. 简述西瓜叶子的形态特征。

2. 简述西瓜果实的形态特征。

3. 西瓜生长发育过程有哪几个时期？

4. 西瓜生长发育过程中结果期依据形态特征可分为几个

时期?

    5. 简述西瓜生长发育对温度的要求。

    6. 什么样的土壤适合西瓜的生长发育?

    7. 如何施用肥料才能保证西瓜的正常生长?

第二章 西瓜的品种与引种

第一节 品种的概述

一、品种的变迁

随着西瓜生产的不断发展，西瓜栽培品种的更新换代也很迅速，可分三个阶段：

第1阶段是1949年至20世纪60年代中期，大约15年。这个阶段以地方品种及少数引入品种为主栽品种。华北地区的代表品种有三白、手巾条、花狸虎、核桃纹、黑油皮、梨皮和喇嘛瓜等；西北地区的代表品种有兰州黑皮、木拉摩尔里、苏联1号、大红籽和小红籽等；东北、内蒙古地区的代表品种有旭大得、都3号和新大和等；华南地区的代表品种有澄选1号、广州花皮和南宁马铃瓜等。

第2阶段是从20世纪60年代中期至20世纪70年代中期，大约15年。这个阶段以新育成的固定品种和引进的固定品种为主栽品种。代表品种有旱花、兴城红、郑州3号、庆丰、中育1号、中育6号、龙蜜100、苏蜜1号、74-5-1、琼栈、石红1号、石红2号、汴梁1号、火洲1号、蜜宝和查理斯顿等。

第3阶段是20世纪70年代中期至现在。这个阶段以新育成的杂交一代品种和引进的杂交一代品种为主栽品种。代表品种有新澄、湘蜜、浙蜜1号、红优2号、金花宝、京欣1号、郑杂5号、郑杂9号、汴杂7号、开杂5号、开杂2号、丰收2号、新红宝和金钟冠龙等。

二、品种的园艺学分类

世界各国对西瓜品种的分类方法各不相同。西瓜根据染色体组的数量，可分为二倍体西瓜、三倍体西瓜和四倍体西瓜；根据用途，可分为食用西瓜、籽用西瓜和饲用西瓜。西瓜还可按照果实形态特征来分类，其中按果实形态可分为圆形（果形指数1左右）、椭圆形（果形指数1.5左右）和长椭圆形（果形指数2左右）；按皮色花纹可分为白皮、绿皮、黄皮、黑皮和花皮；按肉色可分为红肉（包括粉肉）、黄肉（包括橘黄）和白肉。西瓜还可按成熟期长短分为早熟品种、中熟品种和晚熟品种。早熟品种品种果实发育期在30天以内，需积温750℃左右；中熟品种果实发育期需31～35天，积温850℃左右；晚熟品种果实发育期需36～40天，积温950℃左右。西瓜按品种来源可分为地方品种、育成的固定品种、国外引进的固定品种和杂交一代品种。

第二节　地方品种

地方品种是指在长期栽培过程中通过自然选择和人工选择形成的农家品种。其共同特点是生长旺盛，果大，成熟晚，皮厚，耐贮运，对当地条件适应性较强，种子大，但含糖量低，品质较差。

一、早熟品种

（一）小籽1号

1. 来源　内蒙古自治区凌源市。

2. 特征特性　早熟品种，全生育期100天，果实发育期30天。植株生长势中等，叶绿色，裂片中等宽，易坐果。第1雌花着生在主蔓上7～8节，间隔6～7节再现1朵雌花。果实圆形，果形指数1.2。果皮绿色覆有浓绿细网条，表面光滑，果皮厚度0.8cm，果皮硬度$1.55×10^6$Pa，皮较脆，不耐贮运。果实个小，最大单瓜重3kg，平均单瓜重2kg。果肉红色，肉质脆沙，果肉中心含糖量9%，近皮处含糖量7.5%，品质中等。种子特小，种皮褐色，千粒重11.4g。本品种的主要特点是果实小，皮薄，种子小。本品种是一个稀有的种质资源，栽培时应适当密植。

（二）北瓜

1. 来源　河南省郑州地区。

2. 特征特性　早熟品种，全生育期 100 天，果实发育期 30 天。植株生长势中等偏旺，易坐果。第 1 雌花着生在主蔓上 8～9 节，间隔 7 节再现 1 朵雌花。果实椭圆形，果形指数 1.3～1.4。果皮颜色花纹有两种类型，其一是绿白色有绿色网纹，果实表面有浅沟；其二是绿色有深绿色窄花条，果皮厚 0.5cm，果皮硬度 $0.33 \times 10^6 Pa$。最大单瓜重 2.5kg，平均单瓜重 1.5kg。果肉红色，肉质脆沙，果肉中心含糖量 8.5%，近皮处含糖量 7.5%。种子大，种皮黑色，千粒重 115g。本品种的主要特点是果实小，种子大，皮薄，品质中上，常削皮食用，一株多果。

（三）黑崩筋

1. 来源　北京市。

2. 特征特性　早熟品种，全生育期 100 天，果实发育期 30 天。植株生长势旺盛，易坐果。第 1 雌花着生在主蔓上 8 节左右，间隔 6 节再现 1 个雌花。果实椭圆形，果形指数 1.3。果皮黑色，表面有棱沟，果皮厚 1cm，果皮硬度 $2.23 \times 10^6 Pa$，较耐贮运。最大单瓜重 4kg，平均单瓜重 3kg。果肉黄色，肉质脆，果肉中心含糖量 8%，近皮处含糖量 7%。种子较大，红色，千粒重 133kg。

（四）小花狸虎

1. 来源　河南省开封市。

2. 特征特性　早熟品种，全生育期 100 天，果实发育期 30 天。植株生长势旺盛，易坐果。主蔓上 7～8 节出现第 1 雌花，间隔 8 节左右再现 1 朵雌花。果实圆形，果形指数 1.1。果皮绿色，覆有浓绿宽齿条，果皮厚 1cm，果皮硬度 $2.4 \times 10^6 Pa$，耐贮运。最大单瓜重 5kg，平均单瓜重 3.5～4kg。果肉鲜红，肉质沙，果肉中心含糖量 8.5%，近皮处含糖量 7%，品质中等。种子中等偏大，种皮黄白色有黑眼，俗称玉米籽，千粒重 89.2kg。

二、中熟品种

（一）马铃瓜

1. 来源　浙江省平湖市。

2. 特征特性　中熟品种，全生育期105天，果实发育期33天。植株生长势旺盛，易坐果，抗性较强。主蔓上9节前后出现第1雌花，间隔7节再现1朵雌花。果实长椭圆形，果形指数2。果皮底色绿色，有浓绿色不规则宽花条，果皮厚1.1cm，果皮硬度1.78×10^6Pa，较耐贮运。最大单瓜重6kg，平均单瓜重4.2kg。果肉橘黄色，肉质细嫩脆沙，果肉中心含糖量8%，近皮处含糖量6%。种子大，种皮黑色有裂纹，千粒重102g。

（二）广州花皮

1. 来源　广东省广州市。

2. 特征特性　中熟品种，全生育期105天，果实发育期34天。植株生长势中等偏旺，易坐果。主蔓上7节出现第1雌花，间隔6节再现1朵雌花。果实圆形，果形指数1.1。果皮黄绿色，有绿色窄花条，果皮厚1.2cm，果皮硬度1.55×10^6Pa，果皮脆，不宜长途运输。最大单瓜重7kg，平均单瓜重4～5kg。果肉粉红色，肉质脆沙，果肉中心含糖量9%，近皮处含糖量7.5%。种子中等大小，种皮褐色，千粒重51kg。

（三）抚州南瓜

1. 来源　江西省抚州地区。

2. 特征特性　中熟品种，全生育期105天，果实发育期35天。植株生长势旺盛，较易坐果。主蔓上8～9节出现第1雌花，间隔8节再现1朵雌花。果实圆形，果形指数1.1。果皮绿白色，表面有浅沟，果皮厚1.5cm，果皮硬度2.67×10^6Pa，耐贮运。最大单瓜重12kg，平均单瓜重9kg左右。果肉黄色，肉质脆沙，果肉中心含糖量8%，近皮处含糖量6%，品质中等。种子大，种形指数1.7，种皮黑色有白色裂纹，千粒重121g。

三、晚熟品种

（一）黑油皮

1. 来源　河南、山东、安徽等省。

2. 特征特性　晚熟品种，全生育期 110 天，果实发育期 40 天。植株生长势旺盛，叶大，裂片宽，抗性较强。主蔓上 10 节左右出现第 1 雌花，间隔 9 节再现 1 朵雌花。果实圆形，果形指数 1.2。果皮黑色，表面光滑。果皮厚 1.5cm，果皮硬度 2.58×10^6 Pa，果皮韧性好，耐贮运。最大单瓜重 10kg，平均单瓜重 7kg。果肉鲜红，肉质脆沙，纤维较多，果肉中心含糖量 9%，近皮处含糖量 7%，品质中等偏高。种子大，种皮黑色，光滑，千粒重 160g。

（二）桃尖

1. 来源　山东省。

2. 特征特性　晚熟品种，全生育期 110 天，果实发育期 36 天。植株生长势旺盛，较易坐果。主蔓上 10 节左右出现第 1 雌花，间隔 6～7 节再现 1 朵雌花。果实椭圆形，果形指数 1.4。果皮绿色，有深绿色宽花条。果皮厚度 1.2cm，果皮硬度 2.27×10^6 Pa，较耐贮运。果大单瓜重 8.5kg，平均单瓜重 5kg 以上。果肉黄色，肉质沙，果肉中心含糖量 7.5%，近皮处含糖量 7%。种子大，种皮白色，嘴部红色，似桃尖，千粒重 129g。本品种是山东独有的地方品种，外观、肉色、种子色都比较美观。

其他晚熟品种还有陕西红籽、兰州黑色、兰州花皮、阿克塔吾孜、卡拉塔吾孜。

第三节　从国外引入的固定品种

一、早熟品种

（一）旭大和

1. 来源　20 世纪 40 年代从日本引入。

2. 特征特性　早熟品种，全生育期 100 天，果实发育期 30 天。植株生长势旺盛，适应性较强，易坐果。主蔓上 6～7 节出现第 1 雌花，间隔 6 节左右再现 1 朵雌花。果实圆形，果形指数 1～1.1。果皮绿色，有浓绿色细网纹。果皮厚 1cm，果皮硬度 $1.12×10^6$ Pa，皮薄且脆，易裂果，运输性差。最大单瓜重 6kg，平均单瓜重 4kg 左右。果肉鲜红，肉质脆，汁多，风味好，果肉中心含糖量 11%，近皮处含糖量 8%。种子小，深褐色，千粒重 40.2g。

（二）都 3 号

1. 来源　20 世纪 50 年代从日本引入。

2. 特征特性　早熟品种，全生育期 100 天，果实发育期 30 天。植株生长势中等偏强，易坐果。主蔓上 5～6 节出现第 1 雌花，雌花多为两性花，间隔 6 节再现 1 朵雌花。果实圆形，果形指数 1～1.1。最大单瓜重 6kg，平均单瓜重 4kg 以上。果皮绿色，有浓绿窄花条，果皮厚 1cm，果皮硬度 $2×10^6$ Pa，不裂果，可短途运输。果肉粉红，肉质细脆，爽口，果肉中心含糖量 10%，近皮处含糖量 7%。种子中等大小，种皮黑色，千粒重 63g。

（三）富研

1. 来源　从日本引入。

2. 特征特性　早熟品种，全生育期 100 天，果实发育期 30 天。植株生长势较旺，适应性强，易坐果。主蔓上 6～7 节出现第 1 雌花，间隔 6 节再现 1 朵雌花。果实圆形，果形指数 1.1。果皮绿色有浓绿细网条，果面光滑美观。果皮厚度 1.1cm，果皮硬度 $1.87×10^6$ Pa，皮较脆，不耐贮运。果大单瓜重 6kg，平均单瓜重 4kg 左右。果肉鲜红，肉脆，汁多，果肉中心含糖量 10.5%，近皮处含糖量 7.5%。种子中等偏小，种皮光滑，红褐色，千粒重 59g。

二、中熟品种

（一）蜜宝

1. 来源　美国品种。

2. 特征特性　中熟品种，全生育期 100～105 天，果实发育期 33 天左右。植株生长势中等，叶片较小，裂片较窄，灰绿色，坐果性极好，不感染蒂腐病，易感染炭疽病。果个大小整齐，适应性强。主蔓上 7 节左右出现第 1 雌花，间隔 6～7 节再现 1 朵雌花。果实圆形，果形指数 1.1。果皮颜色由浅渐深，未熟果实有暗绿色窄花条，成熟时果实呈墨绿色，花条不明显。果皮厚 1cm，果皮硬度大于 2.67×10^6 Pa，耐贮运，贮运中易发生炭疽病，必须及时防治。最大单瓜重 6kg，平均单瓜重 4kg 左右。果肉鲜红，肉质紧密、较硬，果肉中心含糖量 10% 左右，近皮处含糖量 8% 左右，品质优。种子小，种皮灰褐色，千粒重 41.6g。

（二）克伦生

1. 来源　美国品种。

2. 特征特性　中熟品种，全生育期 105 天，果实发育期 35 天左右。植株生长势旺盛，管理不当时，坐果性较差，抗枯萎病、炭疽病和蒂腐病。主蔓上 7 节左右出现第 1 雌花，间隔 6～7 节再现 1 朵雌花。果实圆形，果形指数 1.1。果皮绿黄，有绿色中等宽花条。果皮厚 1.1cm，果皮硬度 2.67×10^6 Pa 左右，耐贮运。最大单瓜重 7.5kg，平均单瓜重 5～6kg。果肉粉红色，肉质脆、偏硬，果肉中心含糖量 10% 左右，近皮处含糖量 7%，品质中等偏上。种子小，种皮棕褐色，千粒重 52.7g。

三、晚熟品种

（一）灰查理斯顿

1. 来源　美国，先后从美国和日本引入。

2. 特征特性　晚熟品种，全生育期 105～110 天，果实发育期 38 天。植株生长势旺盛，叶绿色，裂片较宽，坐果性较差，抗枯萎病、炭疽病，易患蒂腐病。主蔓上 9 节左右出现第 1 雌花，间隔 7～8 节再现 1 朵雌花。果实长椭圆形，果形指数 1.8。果皮浅绿色，有绿色细网纹，果皮厚 1.3cm，果皮硬度大于 2.67×10^6 Pa，耐贮运。最大单瓜重 10kg 左右，平均单瓜重 6.5kg。果肉粉红，肉质脆偏硬，果肉中心含糖量 9％～10％，近皮处含糖量 6％～7％，品质中等偏上。种子大，红褐色，千粒重 100g 左右。

（二）久比利

1. 来源　美国，先后从美国和日本引入。

2. 特征特性　晚熟品种，全生育期 110 天，果实发育期 40 天。植株生长势旺盛，抗病性较强，坐果性较差。主蔓上 8～9 节出现第 1 雌花，间隔 7 节左右再现 1 朵雌花。果实长椭圆形，果形指数 1.8。果皮绿色，有深绿色窄花条。果皮厚 1.3cm，果皮硬度 2.58×10^6 Pa，耐贮运。果大单瓜重 10kg 以上，平均单瓜重 7.5kg。果肉粉红，肉质脆偏硬，果肉中心含糖量 9％，近皮处含糖量为 6％。种子大，红褐色，千粒重 100g。

（三）克伦代克

1. 来源　美国。

2. 特征特性　中晚熟品种，全生育期 105～110 天，果实发育期 38 天左右。植株生长势旺盛，抗病性较强。主蔓上 8 节左右出现第 1 雌花，间隔 6～7 节再现 1 朵雌花。果实椭圆形，果形指数 1.5。果皮浓绿色，表面光滑，果皮厚 1.3cm，果皮硬度 2.67×10^6 Pa，耐贮运。最大单瓜重 8kg 左右，平均单瓜重 6kg。果肉粉红色，肉质脆，果肉中心含糖量 11％，近皮处含糖量 8.5％，品质优良。种子中等偏小，种形指数 1.6，种皮黑棕色，千粒重 45g。

第四节　杂交一代品种

西瓜杂交一代品种具有杂交优势，在丰产、抗逆性、适应性等方面的综合性状表现优于固定品种，同时西瓜杂交品种的繁殖系数高，制种比较容易，而且推广应用后实际效果显著，社会效益与经济效益高，从而迅速在生产上扩大发展，至 20 世纪 80 年代后期中国的西瓜生产用种已基本实现了杂交一代化。中国的西瓜杂交一代研究在品种数量和类型、种子数量和质量、推广面积和覆盖率等方面均居世界前列，并在不断发展提高。

一、早熟品种

（一）郑杂 5 号

1. 来源　中国农业科学院郑州果树研究所育成。

2. 特征特性　早熟品种，植株长势中等。全生育期 85～90 天，果实发育期 28～30 天。主蔓 5～6 节着生第 1 雌花，以后每隔 6～7 节再现雌花，易坐果。果实椭圆形，果皮浅绿色，上有墨绿色宽条带。平均单瓜重 3.5kg，最大单瓜重 6kg。果皮厚 1.1cm，果肉红色，肉质脆沙，果肉中心含糖量 10%，近皮处含糖量 6%～7%。种子大小中等，黄白色，上有黑嘴黑边，千粒重 62g。

本品种的主要特点是早熟、易坐果、大红瓤、果实转熟快、不裂果、较耐运、适应性广，适于早熟栽培，深受各地瓜农欢迎；主要适于北方地区栽培，是华北地区的主栽品种之一，也是全国推广面积最大的早熟杂交一代品种。

（二）郑杂 9 号

1. 来源　中国农业科学院郑州果树研究所育成。

2. 特征特性　早熟品种，植株生长势强，全生育期 90 天，果实发育期 28～30 天。主蔓 7～8 节着生第 1 雌花，以后每隔 6～8 节再现雌花。果实椭圆形，果皮绿色，上有网状花纹，皮厚 1.1cm。平均单瓜重 4kg，最大单瓜重 6kg。果肉鲜红，肉质脆沙，风味佳，果肉中心含糖量 10.5%，最高 12%，近皮处含糖量 7%～8%，九成熟时采收品质最佳。种子中等大，褐色有麻纹，千粒重 65g。

本品种的主要特点是品质较优，其他性状与郑杂 5 号相近，也是适于华北地区栽培的早熟杂交一代品种，但推广面积不及郑杂 5 号。

（三）京欣 1 号

1. 来源　北京市农业科学院蔬菜研究中心与日本西瓜专家森田欣一合作育成。

2. 特征特性　早熟品种，植株长势中等。全生育期 80～90 天，果实发育期 30 天。主蔓 8～10 节着生第 1 雌花，以后每隔 5～6 节再现雌花，雌花率 55%，易坐果。果实高圆形，皮绿色，上有深绿色细条带，果皮厚 1cm。果肉桃红色，肉质脆沙，汁多，果肉中心含糖量 11%，最高 12%。单瓜重 4～5kg，最大单瓜重 8～9kg。果皮脆，不耐贮运。种子小，深褐色，有麻点，千粒重 45g。

本品种的主要特点是外观美，品质优，产量在早熟品种中较高，但不耐运，适于华北和长江中下游地区栽培，是北京及其附近地区的第一主栽品种，亦是上海及其附近地区的主要品种。

其他品种还有双星 11、皖杂 3 号、苏杂 2 号、丰乐 1 号、早佳（84－24）、红铃、金兰、宝冠等品种。

二、中熟品种

（一）新澄

1. 来源　广东省白沙原种场育成。

2. 特征特性　中熟品种，植株长势中等。全生育期 100 天，果实发育期 32～34 天。主蔓 8～9 节着生第 1 雌花，以后每隔 5～6 节再现雌花。果实短椭圆形，果皮绿色，上有网状花纹。单瓜重 5～6kg，最大单瓜重 10kg。果皮厚 1.1cm，果皮硬度 2.67×10^6 Pa，坚韧、耐贮运。果肉红色，肉质细脆，汁多，果肉中心含糖量 10.5%，最高 11.5%，近皮处含糖量 7%，可食率 60%。种子中等偏小，褐色麻纹，千粒重 45g。

本品种适应范围广，南北各地曾均有种植。在 20 世纪 70 年代至 20 世纪 80 年代，该品种曾是广东、黑龙江、安徽，以及长江中下游地区的主要栽培品种。

（二）金花宝

1. 来源　兰州市城关区种子公司育成，原名 P2。

2. 特征特性　中熟品种，植株长势旺盛。全生育期 105 天，果实发育期 32～35 天。主蔓 7～8 节着生第 1 雌花，以后每隔 10 节左右再现雌花。果实椭圆形，果皮浅绿色，上有深绿色的宽条带。单瓜重 5kg，最大单瓜重 10kg，果皮厚 1.2cm。果肉红色，肉质脆沙，汁多，果肉中心含糖量 10%～12%。种子大小中等，浅黄色，上有褐斑，千粒重 22～30g。

（三）湘蜜 3 号

1. 来源　湖南省农业科学院园艺研究所育成，原名蜜桂。

2. 特征特性　中熟品种，植株生长势中等。全生育期 95 天左右，果实发育期 34 天。主蔓 10～12 节着生第 1 雌花，以后每隔 6～7 节再现雌花。果实椭圆形，果形指数 1.4，果皮墨绿色，上有隐条网纹，果皮厚 1cm，果皮硬度 $2.67 \times 10^6 Pa$，耐运输。单瓜重 4～5kg，最大单瓜重 14kg。果肉红色，肉质细脆，纤维少，汁多，果肉中心含糖量 10%，最高 11%，近皮处含糖量 7%～8%。种子小，深褐色。该品种耐湿性强，较抗疫病和枯萎病。

本品种主要在潮湿多雨地区种植。

其他品种还有浙蜜 1 号、8155、丰收 2 号、丰收 3 号、夏宝 3 号、聚宝 1 号、绿圆 2 号、优红宝、齐红、重凯 1 号、新优 2 号、苏蜜 2 号、皖杂 1 号、翠宝、聚宝 3 号、龙宝、庆红宝、新红宝、金钟冠龙、华峰和寿山等。

三、晚熟品种

（一）红优 2 号

1. 来源　新疆八一农学院与昌吉园艺场合作育成。

2. 特征特性　晚熟品种，植株生长势旺。全生育期 90～102 天，果实发育期 40～45 天。主蔓 11 节左右着生第 1 雌花，以后每隔 11 节左右再现雌花，结果部位在 18～23 节。果实椭圆形，果型指数 1.36，果皮绿色，上有墨绿色齿带 9~14 条，果面蜡粉稍多。果皮坚韧，厚 1.1~1.4cm。单瓜重 5~7kg，最大单瓜重 15kg。果肉桃红色，肉质脆，稍粗，纤维较多，汁多，果肉中心含糖量 10.5%~12%，风味佳。种子大，褐色，千粒重 80g。

本品种适于在新疆、甘肃、宁夏等西北地区栽培。

（二）西农 8 号

1. **来源** 西北农业大学西瓜甜瓜研究室育成。

2. **特征特性** 中晚熟品种，植株生长势强，耐湿，耐旱，抗病。全生育期 100 天，果实发育期 36~38 天。主蔓 5~6 节着生第 1 雌花，间隔 4~5 节再现雌花。果实椭圆形，果皮底色浅绿，上有深绿色条带。果皮厚 1cm，果皮硬度 2.22×10^6 Pa，坚韧、耐运。平均单瓜重 7kg，最大单瓜重 18kg。果肉红色，肉质细脆，果肉中心含糖量 11.5%~12%，最高 13.5%，近皮处含糖量 7%~8%，可食率 60%。果实成熟度要求严。种子大，褐色，具麻纹，千粒重 87g。

本品种适应范围较广，主要在陕西、江苏、安徽等地推广栽培。

（三）赣杂 1 号

1. **来源** 江西省九江市农业科学研究所育成。

2. **特征特性** 中晚熟品种。全生育期 95~100 天，果实发育期 35~40 天。第 1 雌花节在主蔓第 7 节左右，以后间隔 6~7 节再现雌花。果实长椭圆形，淡绿色，具细网纹，果皮厚 0.8~1.1cm，果肉大红色，汁多味甜。果肉中心含糖量 11% 以上，近皮处含糖量 9%，梯度小，肉质细且脆，不空心，品质好，风味佳。单瓜重 5~5.7kg，最大单瓜重可达 12kg。

本品种适于在长江中下游地区种植。

第五节　品种选择依据

一、品种的一般要求

品种是获取优质、高产、稳产的首要一环，选择和确定的当地主栽品种要具备以下性状：

（一）适应当地的气候条件

品种是在一定的自然条件和栽培条件下育成的，在不同生态条件下育成的品种对环境条件的适应性是不同的，因此应首先选用在当地或同一生态地区育成的品种。对向不同生态地区引种应持慎重态度。

（二）充分利用杂种一代

西瓜品种包括固定的常规品种和杂交一代品种，优良的杂种一代品种具有杂交优势，生长势、抗病性较强，栽培容易，节省肥料，增产效果显著，且果形一致，品质优良。不同生态型品种间的杂种一代的优势更为明显，如 P2、郑杂 5 号均为不同生态型品种间的杂种一代。

（三）丰产性

一般适应当地条件的品种的产量较高且较稳定。构成西瓜产量的因素是单位面积的株数、单株结果数和果形大小。小果型的品种应密植，增加结果数以求丰产；而大果型的品种应增大果形以求丰产。

（四）果实商品性

果实商品性是指果实的性状一致，果形圆整，大小一致，剖面皮薄，色泽均匀，无空心、白肋等。果皮色泽、果形大小、果肉颜色和果肉的质地，这些性状因各地消费习惯不同有所差别，北方喜食肉色大红瓤带沙质的郑州 3 号、郑杂 5 号，而南方喜食瓤质致密的浙蜜 2 号、平优 2 号。因此在选择品种时应高度重视产品的商品性，满足消费者的习惯，以利于销售。

（五）品质

品质是指食用部分的质地、含糖量和口感三个方面。优质西瓜要求质地细、纤维少、化口，含糖量 10％以上，味鲜甜清口，无异味等。西瓜品种间的品质差异很大，选择优质的品种是提高商品瓜质量的关键。

（六）耐贮性

西瓜作为一种商品需通过运销环节才能到达消费者手中，因此应选果皮较坚韧，在运输过程中不易破损裂果、瓤质不易倒瓤变质的品种，以减少损耗。

二、根据气候和土壤条件选择品种

根据当地气候条件合理选择品种是栽培成功的关键。北方地区在西瓜生长后期常遇雨季，为减少损失应选较早熟的品种，争取在雨季来临之前结束采收。而在缺乏灌溉条件的旱地则以选择耐旱、生长势较强的中晚熟品种为宜。

沙性较强的土壤，因土温易于上升，适合做早熟栽培，栽培早熟品种能进一步发挥品种的早熟优势；而黏重的土壤，土温上升较慢，但保水、保肥能力较强，以栽培中晚熟品种为宜。在土质肥沃或施肥水平较高的地区宜选择耐肥的品种，在土质瘠薄的地区则以选择省肥的品种为宜。

三、根据栽培目的选择品种

早熟栽培以提前采收期和提高早期产量为目标，所选品种应耐低温、弱光，在较低温度下瓜蔓生长迅速；雌花出现节位较低，雌花开放至果实成熟在 30 天以内；果实采收时对成熟度要求伸缩性较大，即在充分成熟前采收对品质影响较小。这类品种北方以郑杂 5 号、郑杂 9 号为主。

早熟品种多数长势较弱，果形小，采收期虽早，但早期产量低，抗病性差，栽培技术性强。以丰产为目的的露地和地膜覆盖栽培应以选择中晚熟品种为宜。这是因为中晚熟品种长势较强，抗病，果形大，产量高，容易栽培。延迟栽培亦以选用中晚熟品种为宜。

在品种熟性安排方面，应采用早、中、晚熟品种搭配种植，以延长西瓜的供应期，避免上市高峰过分集中。品种组成以中熟品种为宜，尽量使高峰期与当地的高温季节相吻合，有利于销售。在城市郊区，早熟品种栽培的比例可以高些；而以远销为主栽培的，则多选用中晚熟品种。生产上比较重视早熟品种的栽培，而忽视晚熟品种的栽培，结果导致上市高峰期提前，而进入盛夏后供应量反而下降，供需矛盾突出。

练习题

1. 简述西瓜品种的变迁。
2. 简述西瓜品种的园艺学分类。
3. 西瓜的地方品种有哪些？
4. 从国外引入的西瓜固定品种有哪些？
5. 西瓜品种选择时，一般要求是什么？
6. 如何根据栽培目的选择西瓜品种？

扫码解锁
◦AI实践导师 ◦在线阅读
◦技术指导 ◦政策解读

第三章　育苗技术

第一节　苗床的建造与床土的配制

一、苗床种类

苗床的床址应设置在排水良好、背风向阳的地段，并设风障稳定气流。

苗床的种类有冷床、温床（酿热温床、电热温床）、大（中）棚等。露地栽培采用冷床（北方称阳畦）育苗即可，而早熟栽培由于播种期提前，应提高苗床的保温性，宜采用加温的温床。必要时把冷床或温床设置在大棚中，进一步提高苗床的温度，改善光照条件。

苗床的方向，如采用单斜面式的冷床或温床，一般朝南或略偏西，以争取光照时间，提高床温；而采取拱形通道式的大棚或小棚的，则应以南北向为宜。

二、苗床的建造

西瓜育苗的苗床，早春低温季节宜设在温室、薄膜棚或阳畦等保护地内，夏、秋高温多雨季节要设在防雨降温棚下，并应依保护设施性能及育苗期内对温度的要求而选用适宜的育苗场所。苗床一般可做 1～1.2m 宽的平畦，畦埂宽 30～40cm，畦长依育苗数量而定，最长不宜长于 20m。育苗容器用营养钵、薄膜筒或纸筒等。

三、床土的配制

培养土最好是草炭加蛭石，比例是（3～4）：1，或其他无病菌虫卵、无有毒物质且渗水透气性好的材料。每立方米培养土加氮、磷、钾复合肥 1kg 或高温处理鸡粪 5～6kg。另外，还可按体积加入没种过瓜类作物的生茬土 1/4～1/3。将培养土过筛掺匀，于播种前 3～5 天装入容器，并整齐摆放在苗床内。

营养土可用园土、稻田表土、风化河塘泥、炉灰、牛马猪厩肥、家禽粪按一定的比例配制，具体的配比可根据当地的土质灵活掌握，最好于使用前 3 个月堆制腐熟，拌匀，以免灼伤根系。肥料用量为 1m³ 床土加尿素 0.25kg、过磷酸钙 1kg、硫酸钾 0.5kg，或氮、磷、钾三元复合肥 1.5kg。

必要时应进行床土消毒。常用的土壤消毒方法是 1m³ 培养土，用 40％的甲醛溶液 200～300mL，加水 25～30kg，搅匀后洒到土里，土面覆盖塑料薄膜闷 2～3 天，达到充分杀菌的目的，然后将土摊开，散发药气后使用，可预防苗期猝倒病。

四、护根措施

可采用塑料钵等容器或制作营养土块育苗，以保护幼苗根系。用塑料钵、塑料筒、纸钵和草钵育苗，可以有效地保护根系，防止损伤。营养钵装土时应掌握底紧上松的原则，底紧可防止底土散落破碎，而上部疏松有利于发根和幼苗生长。

营养土块可用熟土或河塘泥，加一定量的腐熟厩肥拌匀，铺平压实，切块即成。选定床址后，在苗床挖深约 15cm 的坑，倒入熟土厚约 12cm，加一层厚约 5cm 的腐熟厩肥，洒适量水，充分拌和，拍实整平，待土面发白时按 10cm 见方切块，在土块中央捣一个小孔，孔中放细土备用。营养土块制作简便，节约成本，育苗效果好，适用于大苗、小苗带土培育瓜苗。营养土块育苗对土质要求高，要做到制成的土块紧而不实，松面不散，能保证根系的生长，而又不致破坏伤根。如果土质过于紧实，则容易形成僵苗。

第二节　种子处理与播种

种子处理首先是清除不能正常发芽的劣子和杂质，其次是根据当地易发生的病害进行药剂或其他方式的浸种或拌种。

一、种子处理

（一）选种

应根据品种特性，按种子大小、色泽、形状和饱满度等挑选种子，剔除畸形、破碎，以色泽、形状等不符的杂种，拣出其他杂质。对商品种子或陈种子，除应严格选种外，还应进行发芽率和发芽势的测定，以此鉴定种子的活力、确定播种量。发芽率在85％以上，说明种子质量较好。如果发芽率在70％以下，则应加大播种量或换种。

（二）浸种

在浸种前应将经过选种的种子放在阳光下晒数小时，或在50℃～60℃的温度条件下，高温烘烤2～3小时，然后进行下列处理：

1. 一般浸种　用冷水浸泡种子12～24小时，每隔5～6小时搅动1次。用12℃～25℃冷水浸种，芽粗壮，发芽势强，但无消毒作用。

2. 温汤浸种　用55℃温水将种子浸泡20分钟左右。然后使水温自然降低，浸种6～8小时，4～5小时可换水1次。用水量为种子体积的5倍左右。

3. 热水烫种　用70℃热水烫种。烫种时，热水来回倾倒，直至使水温降为55℃时改为不断搅拌，保持水温10分钟左右，以后同温汤浸种。

（三）破壳

三倍体西瓜的种胚发育不全，种皮厚，发芽困难，应破壳。破壳时，可以用牙磕或用钳子夹开，不论用何种方法，使种子的喙部裂开即可。

（四）药剂处理

1. 细胞分裂素浸种　可用150～250mg/L的细胞分裂素浸种，浸泡24～48小时，可提高种子的发芽率和发芽势。

2. **赤霉素处理**　用5～10mg/L的赤霉素浸种10小时，可促进种子发芽。

3. **微量元素处理**　可用硼酸、磷酸二氢钾等浸种，浓度为0.1%～0.2%，可促进发芽，使幼苗生长健壮。

4. **甲醛等浸种消毒**　用40%的甲醛溶液100倍液浸种30分钟；或用500倍的401抗菌剂浸种30分钟；或用10%的磷酸三钠浸种20分钟，然后用清水洗净药液，有钝化病毒和灭菌的作用。

（五）催芽

处理后的种子均应洗净，擦除表面黏液，沥干或晾干至种子表面无水膜，然后进行催芽。

1. **沙床催芽法**　把河沙过筛，清除杂物，蒸煮消毒，湿度控制在手捏紧指缝不出水，松手即散，即可备用。处理后的种子与河沙拌均匀，盛入塑料盘中，置于30℃～35℃的恒温箱中催芽。在催芽过程中不必淋洗，种子一般16小时萌动，24～36小时达出芽高峰。待芽长长到0.5cm时即可播种。

2. **卷布催芽法**　将处理后的种子放在通风处晾干，然后摊放在浸湿后拧干的白布、纱布或豆包布上，平放一层后，叠起布的四角，卷成布卷，放入盛湿沙的木箱中，再把木箱放在发酵的马粪或厩粪堆中，也可将布卷放在瓦盆中，上盖湿毛巾，温度控制在33℃～35℃。经24～48小时，种子发芽率达70%左右时，第2天达80%左右时，分次将发芽的种子拣出，保湿，放在低温处保存。每次拣出芽后把包种子的布洗净、拧干，继续催芽。

二、播种要点

播种的要点，一是床（钵）要平整，苗钵间排列紧密，以便浇水一致，保温、保水，防止纸钵破碎。二是苗床要充分浇水，保证出苗期间种子对水分的需求，待水下渗后播种，一钵一芽，胚根向下，干种子可平放。三是覆土深浅要一致，厚约1cm为宜。如果过浅，则表土干燥或直播的种子易出现种壳"戴帽"的现象，影响子叶展开和幼苗的发育。播种覆土后不再浇水，保持土面疏松。

播种后着地盖一层地膜，防止床面水分蒸发，然后做拱架，上覆盖塑料薄膜。采用电热线加温的苗床还应在床面盖一层草苦，以提高土温，减少能源消耗。

西瓜育苗季节气温尚低，且经常出现寒潮，因此应该注意气象预报，抢低温天过后的晴天播种，一般4～5天即可出苗。播种床出现裂缝，部分种子出土时，应及时揭除覆盖物，以免引起高温伤害。

第三节 育苗方法

一、露地直播育苗

采用穴播方法进行播种。先捣松穴土，深20～25cm，拌入腐熟的有机肥或草木灰，将土铺平后，开2～3cm的浅穴，于穴中均匀的摆放2～3粒种子，覆土后略加压实，上面再铺一层草木灰或稻草，防止土壤板结，再铺薄膜或地膜。浸种催芽的种子播种摆芽后要浇透水，然后覆土。播后4～5天出苗，干种子直播的9～10天出苗。小粒的种子每667平方米的播种量为150～200g，大粒种子加倍播种。出苗后经常检查，防止高温烤苗，晚霜过后将小苗引出膜外。如遇轻霜，可采取盖土、盖纸和熏烟等措施，霜后再将叶子露出。

二、床（棚）育苗

（一）床（棚）的修建

利用温床、冷床或塑料小拱棚进行育苗。可在3月末或4月初，选择背风向阳、地势高燥、未种过瓜类蔬菜的地方修建简易苗床，按东西向修建长12～15m、南北向宽120～150cm的苗床，先将土深翻30～35cm，将土取出，床底要平，四周踏实，或将床底修成鱼脊形，再铺一层碎稻草或其他植物碎屑，踩实；再装入新马粪，厚 20～25cm，踩实；浇温水，水量掌握在脚踩上去出水但不超过鞋底为宜；然后可闭床增温，3～7 天后可将配制好的育苗床土铺上，床土厚 10～15cm，准备播种。也可采用电加温线来取代马粪发酵放热，育苗效果良好。小拱棚棚宽 2～2.5m，长 10～12m，高 1m。棚内坑深 15cm，平底。在床上或棚架上扣塑料薄膜保温。天冷时，可于夜间在薄膜外覆盖草帘，加强保温。

（二）营养土的配制

营养土的用料可就地取材，按不同要求来配制，但都要达到净、细、松、肥 4 个标准，主要配方有：

1. 腐熟草炭土、腐熟有机肥、大田土（未种过瓜类蔬菜的田土）按 3：3：4 的比例混合。

2. 田土、腐熟马粪、土粪按 5：3：2 比例混合。

3. 田土、腐熟马粪、土粪按 6：2：2 比例混合，另加入千分之四的过磷酸钙和少量的草木灰。

无论采用哪种配方配制的营养土，都要充分搅拌过筛，配好的床土还要进行消毒灭菌，可用多菌灵 800 倍液灭菌杀虫。

三、容器育苗

（一）装营养土

营养钵采用 8cm×8cm 或 10cm×10cm 的塑料钵、纸钵或草钵均可，向钵里装营养土时注意底要按实，上边稍松散，装到离钵口 1cm 时为止，苗床底部在摆放装好营养土的钵前先用辛硫磷 500 倍液喷洒一遍，以防蝼蛄为害。放营养钵时要摆紧靠实，高度一致，使之横竖成行，之后用喷壶浇适量的水，准备播种。

（二）苗床播种

在定植前 35～40 天开始播种，可根据当时气温回升情况提前或延后。播种前先将已摆放好的营养钵浇透水，之后在营养钵上面正中位置扎个小孔，孔深以能放进种芽为度。把事先催好芽的种子胚根向下播入孔内，轻轻压一下，每孔播 1 粒有芽的种子，随播随覆上 1.5cm 厚配好、筛细的营养土。覆土时种穴内要尽量填满土，以防幼芽被吊干而不出苗。

四、营养土方育苗

营养土方育苗又称为抹方育苗。可利用上述配方的营养土，加上充足的温水搅拌均匀，和成泥状。先在修好的床面上铺上一层细炉灰或细沙，然后将和好的泥抹在床面上，厚度在 10cm 左右，再用刀蘸水切割成 10cm×10cm 方块，随即马上播种，方法同上。

第四节　苗床管理

一、温度

应采取变温管理。播种至种子发芽出土需较高的温度，为加速出苗，苗床应严密覆盖，白天充分见光提高床温，夜间加盖草帘保温。出苗后应适当降温，白天温度保持在 20℃～25℃、夜间保持在 15℃～18℃，如果此期床温过高，则下胚轴伸长，极易形成高脚苗，生长纤弱。真叶开展以后，下胚轴已不会过度伸长，可适当升温，白天温度保持在 25℃～28℃、夜间温度保持在 18℃～20℃，以加速瓜苗生长。大田定植前 1 周左右，应逐步降低床温，揭膜放风炼苗，以提高幼苗的适应性。

电热线温床白天利用日光加温，播种至种子发芽出土，土温控制在 28℃～30℃，阴天和夜间均应通电加温，真叶出现前每天傍晚加温 4～6 小时，控温在 20℃～22℃，第 1 真叶出现后外界气温升高，就不必再加温了。

苗床通风应逐步增加，首先揭两端薄膜，而后在侧面开通风口。通风口应背风，以免冷风直接吹入伤苗，晴天应密切注意床温，及时放风降温，防止高温伤苗。苗床温度管理要避免两种倾向，一是不敢通风降温，结果床温偏高，幼苗生长细弱，适应性差；二是片面强调降温锻炼，过早揭膜，结果幼苗受低温影响生长缓慢，严重时造成僵苗和"老小苗"。正确的方法是根据以上原则和当时气候条件灵活掌握，要求30～35天苗龄达3～4真叶。

二、光照

塑料薄膜苗床的透光率约为70％，如果严密覆盖，空气湿度达饱和状态，则透光率更低，因此应尽量争取较多的光照，如采用新膜，保持膜面的清洁度，增加透光率；在床温许可的范围内早揭膜、晚盖膜，延长光照时间；适当通风，降低苗床湿度；温暖晴天揭除薄膜等，均能够有效地改善苗床光照状况。在连续阴雨天也应设法通风，如在床侧间隔一定距离用砖垫高，把膜压在砖上，起到防雨、通风、增光的目的。

电热温床大多设在大棚内，双层膜减弱了光照，因此在管理上，当种子出苗后，仅在夜间覆盖小棚上的薄膜，白天揭除，其上草帘只在夜间出现寒潮时覆盖，以增加光照时间。

三、水分

前期苗床要严格控制浇水，播种后苗床以保温为主，水分蒸发量不大，浇水降低床温。如果湿度过高，则容易引起幼苗徒长，发生病害。可用覆细土来减少水分蒸发，当表土发白发生裂缝时覆细土，增加土表湿度，保护根系，齐苗时再覆一次。当床面出现旱象又不宜浇水时，再覆一次。借助多次覆土以控制床土水分蒸发，维持床土湿度，并可加厚土层，提高土温，促进发根。

育苗中后期，气温较稳定，通风量增加，土壤蒸发量相应增加，幼苗真叶开展时可适量浇水，通常于晴天午间进行，浇水量不宜过多，浇后待植株表面水分蒸发后盖膜，避免苗床湿度过高。随幼苗生长，浇水量和浇水次数要逐渐增加。草钵、纸钵、塑料钵育苗因株间空隙多，应适当多浇。定植前应适当少浇，可控制幼苗的生长，防止纸钵等容器破碎。而定植起苗前一天应充分浇水。

西瓜苗期较短，不必多次施肥，通常不再追肥。如发现缺肥症状，可结合防病喷施尿素（0.3%）、磷酸二氢钾（0.2%）进行根外追肥。

四、前期管理

（一）前期管理

瓜苗出土前，要求较高的温度，床温在35℃以内，温度愈高出苗愈快，且发芽率和发芽势均可提高。白天，覆盖苗床的薄膜或玻璃要盖严，防止透风，夜间要加盖草帘或其他覆盖物，做好防寒保温工作。温度尽量保持在白天30℃～35℃，夜间18℃～20℃。从出苗到子叶展平、心叶露出阶段要注意胚根、胚轴的生长，防止床（棚）内出现持续低温、高湿情况，导致幼苗徒长、猝倒病的发生。大部分瓜苗出土后，应立即降温，白天温度保持在20℃～25℃、夜间温度保持在18℃～20℃。

（二）中期管理

从真叶露出到植株具有2叶1心之前，要注意蹲苗，以控为主，防止徒长。床（棚）内白天温度保持在26℃～32℃，夜间温度保持在15℃～20℃。保证有一定的昼夜温差（10℃左右），白天温度高时需要通风，通风量要由小到大，通风时间要由短到长，通风口要设在背风面，并不要固定在一处通风。大通风后要根据土壤水分情况和瓜苗的长相来决定是否浇水。浇水时水温要在20℃左右，每次浇水一定要浇透，浇水后宜暂时盖严棚膜，以利于提高床（棚）内温度。如遇日照充足、气温过高的天气，中午前后可用草帘遮棚降温，防止高温烤苗或引起瓜苗徒长。同时还要结合大通风时及时拔出苗床内的杂草。

（三）后期管理

从2叶1心到定植前，即植株具有4片真叶时（4叶1心），可适当提高床（棚）内温度，加大通风量，结合浇水可进行1～2次根外追肥来壮秧，追肥种类可用0.1%～0.2%的尿素或磷酸二氢钾或磷酸二铵。为提高定植后的成活率，增强植株对外界条件的适应性，可在定植前7天左右，夜间不盖棚膜，但要防止晚霜危害，适当控制水分。

在控制好温湿度的同时，还要保证西瓜幼苗有较充足的光照。在冷床（棚）育苗时，光是热量的唯一来源，也是促进西瓜幼苗花芽分化的主要外界因素，所以，必须经常保持棚膜的清洁透光。

如果采用容器育苗，则一般秧苗的生理苗龄在 3 叶 1 心时定植最佳。

五、壮苗标准

西瓜苗期根系较弱，根系的木栓化程度较高，再生能力差，移植不易成活，大面积栽培时多采用大田直播。

壮苗实质上是提前在低温条件下育苗，而当气温适宜时定植，这就提前了西瓜的生育期，使西瓜提早开花结果，在北方可减轻后期雨季涝害。此外，小苗集中于苗床，便于管理和提高幼苗素质，定植后一次全苗，优越性十分显著。

（一）壮苗标准

苗龄适宜，下胚轴粗短，子叶完整、平展、肥厚，节间短，叶色浓绿，根舒展、白嫩，具有以上特性的幼苗耐寒、适应性强、定植后缓苗迅速。

（二）苗龄和育苗方式

苗龄可分为绝对苗龄（日历苗龄）和生理苗龄。前者是指出苗到定植的天数，后者则以幼苗的生长状态来表示，如 2 片真叶苗、4 片真叶苗。适宜的苗龄应根据品种、栽培目的与育苗的方式确定，西瓜育苗可分为大苗培育、小苗培育和子叶苗培育。

1. 子叶苗　子叶苗是指培育 7～10 天，子叶已充分平展的小苗。其标准是子叶肥厚、平展，下胚轴短且粗壮，根系完整。子叶苗根系尚小，移栽较易成活，可不必带土。培育子叶苗设备简单，技术容易掌握，但应严格控制苗龄。如果苗龄过大，移栽时伤根，则成活困难或形成僵苗。

2. 小苗带土育苗　小苗是指具有 1～2 片真叶、苗龄 20～25

天的健壮幼苗。小苗的发育程度和根系伸展范围较子叶苗大，应采用口径 5～6cm 的纸钵或营养土块保护根系。小苗的苗龄短，移植时伤根少，易成活，发苗快，所需设备不多，成本低，育苗技术简单，便于推广。

3. 大苗带土育苗　大苗是指具有 3～4 片真叶、苗龄 30～35 天的幼苗。在保温条件下提前培育较大的瓜苗，提早生育，是早熟栽培的一项重要措施，但并非幼苗越大越好，这是因为苗龄越大，移栽时根的损伤越大，影响缓苗生长。西瓜的适宜大苗苗龄以 3～4 片真叶为宜。保护根系的容器应相应增大，以口径 8～10cm 的塑料钵为宜。大苗培育对保温设施要求较高，育苗期时外界气温较低，育苗技术难度较大。

采用不同育苗方式时，播种育苗的季节是不同的，苗龄越大，播种期应相应提前。如大苗带土育苗的播种期应较当地露地直播提前 30～35 天，小苗带土育苗应提前 20～25 天。播种期越早，气温越低，越需要较好的保温措施，育苗的难度就越大。为此，大面积露地栽培以推广小苗带土育苗为好。

练习题

1. 简述西瓜育苗时的苗床种类。
2. 简述西瓜种子的浸种的处理方式。
3. 如何对西瓜种子进行药剂处理？
4. 简述西瓜种子的播种要点。
5. 简述西瓜床（棚）的育苗方法。
6. 如何对西瓜种子苗床温度进行管理？
7. 简述苗床管理中的前期管理。
8. 何为壮苗标准？

第四章　西瓜薄膜覆盖栽培

　　地膜覆盖栽培西瓜能够提高西瓜的早期产量和总产量，促进早熟，减轻田间作业，显著增加经济效益。

　　地膜覆盖栽培是用 0.015～0.02mm 厚的塑料薄膜（或0.006～0.008mm 超薄地膜）覆盖西瓜根际，以改善土壤环境条件。由于地膜具有透光性好、气密性强的特点，因此，能提高地温，减少土壤水分蒸发，保墒防涝，保持土壤疏松透气，创造适宜土壤微生物活动和有机物分解的良好环境，使土壤保肥力强，肥效高。薄膜覆盖栽培能有效促进植株生长发育，使各生育期相应提前，提早成熟 10 天，较露地增产 20%～40%，达到早熟、优质、丰产的目的。地膜覆盖西瓜栽培已在全国普及，尤以华北、西北、东北等春季低温少雨的北方地区应用最为广泛，栽培面积也最大。

第一节　地膜覆盖

一、地膜覆盖的效果

　　西瓜地膜覆盖后可明显地改善膜下的土壤环境条件，使其能够较好地满足西瓜生长发育的需要。具体表现为，提高土壤温度，保持土壤水分，增加近地面的光照强度。播种后，使幼苗出土加快，缩短田间西瓜苗定植后缓苗时间，加快土壤中微生物的活动，促进植株对土壤中养分的吸收和利用，防止杂草危害，减轻田间作业，促进植株根系的发育，使植株茎粗大，采收期可比同期播种的西瓜提早 5～12 天，总产量平均增产 30%～50%，明显地提高了西瓜的早期产量和总产量，促进早熟，增产增收。

二、常用的地膜种类

西瓜田间使用的地膜种类主要是聚乙烯塑料薄膜,厚度为 0.008~0.012mm,具有成本低,对西瓜无污染的特点,常用的地膜为无色透明膜。根据不同用途还有不同颜色的薄膜,如黑色膜,可增加紫外线的吸收,并可消灭杂草;银灰色膜有驱蚜虫的作用。

三、地膜覆盖的方式

(一)双幅地膜覆盖

在种植行覆盖 1.4~1.8m 宽的双幅地膜,覆盖面积大。如果采用窄畦单行种植,则双幅地膜能覆盖整个畦面,增温效果好,保水防雨效果也好,但地膜用量多,整地覆膜用工多,成本提高,适于在没有前茬作物的田块使用。

(二)单幅地膜覆盖

在种植行上覆盖宽 70~80cm 的单幅地膜,在植株的两侧各覆盖 35~40cm 宽的地膜。单幅地膜的增温效果不如双幅,但较窄幅增温效果好,瓜苗前期可在覆盖条件下生长,效果较好,而地膜可节省一半,不影响后期的追肥灌水,是较经济、效果较好的覆盖方式。

(三)窄幅地膜覆盖

在种植行覆盖 35~40cm 宽的半幅地膜,覆盖面积更小,增加地温和防止土壤水分蒸发的效果差些。但对保持根系周围土壤的疏松,提高地温,促进幼苗根系生长仍有一定的作用。

(四)平畦或双垄覆盖

整地时双垄合成一畦,畦上栽双行。或直接在双垄上覆盖幅宽为 1.6m 超薄地膜 (0.008mm),每 667m² 用量为 9~12kg;若用普通地膜 (0.012mm),每 667m² 用量为 13.5~15kg,播种穴要低于膜面 3~5cm。

(五)普通平盖式

普通平盖式是最基本的覆盖方式。先将瓜畦做成中央隆起呈龟背形的高畦，然后将地膜展开，呈条幅式水平铺盖于瓜畦畦面。畦面高度和盖幅宽度因地区而异。北方地区，西瓜生长期正值干旱少雨季节，畦高 10cm 即可。北方干旱地区，为灌水方便，幅宽宜为 60～80cm。

（六）遮天盖地式

作畦方法与普通平盖式相同，畦做好后，直接覆盖一层地膜，幅宽 70～80cm。然后用杨树条、紫穗槐条等弯成弓形或半圆形，顺瓜行插成支架，呈小拱棚状，上扣 1.2m 幅宽、0.015mm 厚的普通透明地膜。棚高 30～50cm，宽 40～50cm。该方式升温快，10cm 地温比普通平盖式高 2℃～3℃，因而可早播 5～8 天，提早成熟 10 天左右。该覆盖方式保墒性稍差，必须及时浇水，且易滋生杂草，应及早防除。同时，由于地膜很薄，抗风、抗拉能力较塑料棚膜差，覆盖空间较小，气温较高时易灼伤瓜苗，应适时撤除。一般终霜过后 10～15 天，即栽植 20～25 天，瓜苗长出 4～5 片真叶，蔓长 30cm 左右时撤棚较好。

（七）先盖天后盖地式

首先作畦，然后按株距向畦面下挖深 6～10cm 的沟或穴，播种或定植。后直接在畦面上平铺地膜，使播种穴附近形成一个小空间，以利瓜苗生长。沟宽以 10～20cm 为宜。西瓜子叶展平后，逐渐在瓜苗顶部膜上扎孔或开口放风；2～3 片真叶用土块顶起地膜，以防子叶贴膜而被烤伤或冻伤；到 3～4 片真叶、外部温度 15℃以上时，从放风口放出瓜苗，同时间苗，拔出坑内杂草，并将坑周围土填至坑内，呈锅底坑状，再将原架空地膜落下铺平，用土盖严，以利保温、保墒。注意在北侧做一个直径 10～15cm 半圆形挡水土埂，以防低凹积水浸苗。

四、地膜覆盖技术

（一）精细整地

整地质量的好坏关系覆盖地膜的效果，最好是秋翻地、春起垄，同时耙细并拣净石头，防止覆膜时垄面不平、不净，从而划破地膜造成膜面无法紧贴地面。

（二）施足底肥

地膜覆盖下土壤温度高，所以土壤中微生物活动较强，肥料分解快，后期易出现脱肥的现象，所以施入的底肥、口肥数量要足，质量要好。

（三）提高覆膜质量

覆盖地膜的操作质量直接影响到地膜覆盖后增产增收的效果。土壤发干时要先灌水后覆膜。由于北方春季风大易刮坏地膜，因此，覆膜时，一定要把地膜的四边压严。

第二节　瓜田准备及播种扣膜

一、选择地块

栽培西瓜应选择旱能浇、涝能排、土质较肥沃的沙壤土，最好表层为沙土，底层为壤土，兼有沙土与黏土的优点。若土壤偏黏，可冬翻深耙，增施有机肥，瓜沟压沙、掺沙等进行土壤改良；若土壤过沙，易漏税水、漏肥，应加强后期肥水管理。地块最好是背风向阳、温暖、墒好、地势平缓，以利西瓜早熟丰产。

西瓜连作易导致枯萎病侵害，应严格轮作。一般旱田轮作期为8～10年，水田轮作期为3～5年，水旱轮作期为6～8年。不同的前茬作物对西瓜的生长发育也有不同影响。北方地区以收获时间较早、休闲时间较长的玉米、高粱、小麦、谷子等作为西瓜前茬作物最好；棉花、甘薯次之；花生、大豆等地下害虫较多，常咬食西瓜根或幼苗，造成缺苗断垄。而蔬菜特别是瓜、茄果类与西瓜具有共同的病害，因此，均不宜作为西瓜前茬。

二、整地作畦

瓜田在前一年秋作收获后，立即深耕，使土壤充分风化、疏松、积蓄大量雨雪、提高保水透水能力，为西瓜根系发育制造良好条件。早春解冻后耕耙 1 次，整平土地。播种或定植前 15～20

天，在瓜田按行距 1.7m 左右挖瓜沟，沟宽 40cm、深 30cm，将 15cm 深表土挖出放在顺风的一边，将下面 18cm 底土挖后放在迎风方向一边，再将沟底土壤挖活，不必挖出。晾晒数日后回填，先将表土填入沟底，再将丰产沟两侧、两沟间表土起出一层后填入丰产沟中，填满，耙平，镇压。

地膜覆盖时，西瓜作畦方式应与前述地膜覆盖方式相一致。北方为方便干旱灌溉，畦面多与地面持平或略高于地面 8～10cm，并分成大小两个畦。小畦即瓜畦，宽 60～70cm，起垄呈龟背形，垄面与垄沟高差 10cm；大畦即串蔓畦，宽 130～140cm，用于西瓜爬蔓，畦面高与瓜畦垄面持平，以利灌水。

三、重施基肥

地膜覆盖后，土壤中有机质分解加快。若底肥不足，结果中后期易发生脱肥现象，且追肥又不方便，故应在盖膜前施足基肥。基肥应以有机肥为主，每公顷施 37.5～75t，以优质腐熟猪圈粪为宜。一般将基肥总量的 1/3 结合耕地全田撒施，2/3 施入丰产沟。首先，丰产沟回填表土 12cm 左右，将基肥分两层施入，每公顷施腐熟猪圈粪或农家肥 30～60t、磷酸二铵 225kg、磷肥 750～1 125kg、饼肥 1 125～3 000kg，与土充分混合拌匀。丰产沟最上层填入的 10cm 表土不施农家肥，填完后，以高出地面 10cm 为宜，底土则做成防风埂。为防止地蛆、蝼蛄、蛴螬等地下害虫为害，沟内施入基肥后，喷洒 505 辛硫磷 1 000 倍液，然后将粪、土、药充分搅拌均匀。

四、备足地膜及铺设地膜

（一）备足地膜

栽培西瓜前应根据栽植目的、覆盖方式、生产面积等选定适宜的地膜种类、规格和数量。西瓜早春地膜覆盖多用厚 0.015～0.02mm、幅宽 60～120cm 的地膜，用量按 55% 田间覆盖率计算。若用厚 0.015mm，幅宽 90cm 的地膜，每公顷需 97.5kg；若用幅宽 60～70cm 的地膜，每公顷约需 60kg；若用 0.006mm 的超薄地膜，幅宽 70cm 的地膜，每公顷仅需 22.5～30kg。备好的地膜应置于干燥、避高温、高湿、日光直射处备用。

（二）铺设地膜

铺膜前应根据墒情，在瓜沟内灌足底墒水，一般以土壤手攥成团、落地即散开为宜。地面稍干后作畦（垄），要打碎土块，清除畦面秸秆、残根、石块和硬草等，以防扎破地膜。铺膜时以 3 人操作较好。先在畦（垄）的两侧各开一条深为 7～10cm 的浅沟，然后将卷在光滑木轴上的地膜捆从畦的一头（上风头）将膜展开，先在畦头用土压牢，然后向畦的另一头滚动，展开地膜，随展随两侧压土，注意地膜两边要拉平拉紧，使其紧贴垄面，不留空隙，将地膜压于畦两侧压膜沟内，一般压 10cm 宽，并用脚踩实，以防被风吹开。到另一头时，再将断开的地膜在畦头压牢即可。在整个操作过程中，尽量勿损地膜，一经发现破口，应立即用土封住，但不要压土太多。此外，注意地膜表面洁净，以提高透光率。

五、播种

播前 2～3 天浸种催芽，方法同育苗部分。一般一畦（垄）播 1 行，瓜行偏水沟一侧，距畦（垄）边 16～18cm。播时按株距用瓜铲开一条小播种沟，沟深 2cm、长 8～10cm，逐沟浇水，水渗后每沟播 2～3 粒种子，芽尖向下，粒距 3cm，薄覆细土 2cm厚，保证播种深度、覆土厚度一致，以利出苗整齐。播后覆盖地膜，铺膜方法同前。幼苗出土后，在幼苗正上方用竹签扎破地膜，使苗顺利长出地膜，同时用湿土压封幼苗根际周围的地膜开口。此外，也可采用先盖膜后播种法，即铺膜后，用打孔器在相应播种穴打孔，透过地膜入土 2～3cm 深，播种盖土，用细土封严地膜孔。直播播种量为 1 500～2 250g/hm²。

西瓜栽培时，苗齐苗壮是丰产的基础，直播法的安全系数较低，常因种子质量不高、种植方法消退、环境条件不适等造成缺苗，甚至断垄现象。因此，播种时最好在行间空地多播一些，以供补苗之用，补苗苗龄越小越好，补种越早越好。移苗前先浇透水，待水渗下后用瓜铲起苗，苗多带土坨，以利于保护根系。在保证苗全的基础上，应优选壮苗。首先，在幼苗 2 片真叶刚展开时进行第 1 次间苗，除去生长细弱、老化，以及带病菌苗和畸形苗等，每穴选留 2 株健壮幼苗。其次，要优中选优。当幼苗 3 叶 1 心时，进行第 2 次间苗，即定苗，每穴只选留 1 株生长最好的幼苗。间苗、定苗时，最好用剪刀剪或手指掐掉，不可连根拔除，以免伤及选留的健壮幼苗根系。

第三节　肥水管理与植株管理

一、肥水管理

（一）追肥

北方地区降水量少，植株长势容易得到控制，基肥施用比例较高，生长期以水调肥，追肥的次数较少和用量较小。

1. 提苗肥　苗期根系范围小，对深层施用的缓效肥难以吸收利用，应施少量的速效肥，促进根系发育，加速地上部正常生长。北方旱瓜栽培，在 4～5 叶期，每公顷施用 22.5～37.5kg 尿素或硫酸铵，在瓜苗根际 10cm 处浅施入，而后覆土，水瓜栽培在 5～6 叶伸蔓初期，在瓜蔓一侧开沟施入。如苗期阴雨可在根际附近撒施尿素或硫酸铵，每公顷施 15kg，苗期追肥切忌用量过多和距根部过近，以免伤根而致烧苗。

2. 伸蔓肥（预施结果肥）　团棵以后，植株伸蔓，开始旺盛生长。为促使茎叶生长，为结果奠定基础，又不致生长过旺而影响结果，应根据长势巧施伸蔓肥。各地在施肥技术上有较大差别，陕西在植株伸蔓后，主蔓长约 30cm 时，在引蔓的一侧距根约 35cm 处开沟，每公顷施腐熟的棉仁饼、菜籽饼、黑豆饼375kg，并配合少量尿素，施后与土拌匀，再把沟耙平、踏实。在饼肥缺少的情况下，据中国农业科学院果树研究所介绍，在伸蔓初期每公顷施用硫酸铵 112.5～150kg、硫酸钾 150kg，在引蔓一侧距根约 35cm 处开沟施入。南方地区多数在间作大麦和小麦收割后，于畦面引蔓一侧距根 40～50cm 处，开深约 15cm 的沟，每公顷施菜籽饼或豆饼 750～1 125kg，或腐熟的鸡鸭粪 7 500～11 250kg，如施用土杂肥，还应增施 150～225kg 的三元复合肥或硫酸钾 150kg。施用饼肥等优质细肥，因为是完全肥料，故植株生长稳健，不会像偏施氮而引起徒长，且肥效持续期可长达 30 天，其中相当部分肥料在果实膨大期被吸收利用，故称预施结果肥。

3. 结果肥　当坐果部位雌花开放 4～6 天，幼果如鸡蛋大小时，开始施用结果肥。目的是促进果实膨大，维持植株长势。方法是在畦的另一侧距植株 40cm 处开沟；肥料种类和数量同伸蔓肥，或每公顷施硫酸铵 150～225kg、硫酸钾 75kg。此外，还可采用 2%～3% 过磷酸钙浸出液，或 0.5% 尿素、0.2% 磷酸二氢钾混合液，作为根外追肥喷施。结果肥应适时施用，如长势较旺，施结果肥以后仍有落果的危险，故应适当推迟施用，相反则适当提前。结果肥应以使用速效氮肥为主，肥料施用后很快被吸收利用。注意适当增加速效钾肥的配合。采收前约 1 周停止施肥灌水。

4. 后期施肥　第 1 批果实采摘后，如拟延长生长季节，争取二次、三次结果，则应进行 2～3 次追肥。此期正处于高温期，应注意灌溉与病虫害防治。

（二）灌溉

北方地区，西瓜的生长季节降水量少，只有通过补充灌水才能保证植株对水分的需求，以水调肥，控制植株生长，其灌溉技术十分精细。

北方地区的西瓜可分为旱瓜和水瓜。旱瓜在整个生长期都不宜浇水，由于灌溉设施的改进，多数瓜田均具有灌溉条件。一般苗期不灌溉，采取耕锄等保墒措施，促使根系向土壤深层发展。

如果苗期灌水，则根系分布在浅土层，影响植株耐旱性。在伸蔓期灌1次小水，在果实坐稳后及膨大期各灌1次水，临近采收期停止灌水，以免造成裂果和降低品质。早熟栽培正值干旱季节，浇水次数多，故称水瓜。其灌溉时期、灌溉方法和灌水量都十分讲究，有所谓播种时的"抹芽水"、子叶平展期的"稳苗水"、2叶期和团棵期的"催叶水"、蔓长约30cm时的"压条水"、蔓长约60cm的"催纽水"、坐果后和果实膨大期的"膨瓜水"。苗期气温较低，采用距根部一定的距离开沟浇一定量的水，浇后暂不封沟，经午间日晒增加土温，午后再覆土，称为"暗水"或"偷浇"。伸蔓后气温升高则采用畦灌。其中以膨瓜水最为重要，催叶水、压条水对促进藤叶的生长也很有作用，应予重视。

在丘陵地区栽种西瓜，应在冬前深耕，增加蓄水量，育苗移植，前期促进生育，争取提前坐果，减轻后期干旱对果实膨大的影响。如遇干旱仍应抗旱。西瓜浇灌技术应根据土壤、气候条件灵活应用。土质疏松、保水性差的沙地，应增加浇水次数，每次浇水量不必过多；保水性强的黏性土，可间隔时间长些，水量适当增加。根据气象预报确定浇水时间，要求灌溉以后3～4天内无大雨。有经验的瓜农根据植株的长相，可判断是否灌溉。中午观察，叶片出现萎蔫，以后尚可恢复，表明植株缺水。叶片萎蔫的程度及其恢复时间的长短，表明了缺水程度的大小。

喷灌、滴灌技术已经大规模应用于西瓜生产。喷灌不受地形的限制，可增加空气湿度，降低气温，改善小气候条件，但对茎叶有一定的冲击，影响生长，应予改进。滴灌的效果较好，土壤含水量均匀、稳定，一般保持在田间持水量的68%～81%，且降低土壤盐分，在播种带形成少盐区，对土壤结构影响小，增加土壤空隙度，为根系及土壤微生物活动创造了条件，病害减轻，且可节约灌水量2/3～3/4。

二、植株管理

（一）整枝

针对西瓜分枝性强的特点，有意识地剪除部分瓜蔓，减少不必要的养分消耗，以调节植株生长势，使叶片分布合理，提高光合效能，改善近地面的通风透光状况，抑制或减轻病害的发生与蔓延。

1. 整枝方式　分为单蔓整枝、双蔓整枝、三蔓整枝、多蔓整枝和放任不整枝等5种。

（1）单蔓整枝　当主蔓长50cm时，保留主蔓，摘除所有子蔓。单蔓整枝叶数少，雌花少，坐果的选择余地小，果形较小，一般在北方早熟栽培时采用。单蔓植株由于蔓少，可高度密植。

（2）双蔓整枝　每株除保留主蔓外，在主蔓基部3～8节处选留一个健壮侧蔓，将其他侧蔓及侧蔓上的副侧蔓全部摘除。主蔓和侧蔓相距30cm左右，平行向前伸展。一般在主蔓上留瓜，若主蔓未能留住瓜，也可在侧蔓上选留。当瓜坐住后，瓜蔓爬满畦面时，可适时摘心，以减少养分消耗，促进果实发育。植株长势过弱及需选留二茬瓜时可不摘心。北方西瓜地膜覆盖栽培及中小型品种多采用该方式。

（3）三蔓整枝　除保留主蔓外，还在主蔓基部或主蔓第7节至第8节附近各选留1条生长基本一致的侧蔓，其他侧蔓及副侧蔓全部去掉。一些生长势较弱的品种（如苏蜜1号等）在西瓜坐住后再长出的侧蔓也可不去掉，以利长大瓜。采用三蔓整枝的植株叶蔓旺盛，营养面积大，坐果、选瓜机会多，果实可充分生长发育。三蔓整枝适用于大果型品种。

（4）多蔓整枝　当主蔓长出5～6片叶时，对主蔓进行打顶。侧蔓形成后，选留4～5健壮子蔓向四周及两侧伸长，利用侧蔓结果。采用多蔓整枝的植株各蔓生长势接近，雌花出现节位和开花时间接近，可同时坐果2～4个，常在生长势强的品种稀植时应用。

（5）放任不整枝　放任植株自然生长，不整枝，节省劳力，一般在长势弱、易坐果的品种上应用。在栽培上，通过肥水控制生长，以促进坐果。

2. 整枝注意事项

（1）整枝强度要适当　以轻整枝为原则，根据分枝数、地面覆盖率灵活掌握，不必强求一致。整枝强度过大，会影响根系的生长，这是造成结果期果实凋萎的主要原因之一。

（2）及时分次进行　地上部与根系生长存在互相影响和制约的关系，整枝过早会抑制根系生长，过晚则达不到整枝的目的，且消耗植株营养，通常在主蔓长 50～60cm、基部侧蔓长约 15cm 时进行，其后间隔 3～5 天进行 1 次整枝，坐果前共进行 3～4 次。

（3）坐果后不再整枝　一方面，西瓜坐果以后植株长势趋向缓和，果实已成为养分分配中心，不存在旺长的问题；另一方面，新抽生的枝蔓叶片所制造的同化物质对果实的膨大有一定作用，而且增加了后期结果的可能性。

（4）整枝一定要与种植密度联系起来　在相同密度条件下，整枝与不整枝、单蔓整枝与多蔓整枝，总是蔓多的单株叶面积大、雌花多，坐果数相应增加，但改变种植密度之后则是另一种情况，整枝增加了密植的可能性。提高种植密度，通过整枝减少蔓数，达到增加产量的目的，这对于早熟栽培尤为重要。

（5）不同品种采用的整枝方式不同　早熟品种主蔓上第 2 雌花至第 3 雌花出现较早，坐瓜早，主蔓应予保留，摘心后侧蔓上雌花的出现会有推迟的趋势；而生长势旺的品种，主蔓往往生长过旺，不易坐果，如果提前摘心，采取侧三蔓整枝的方式，那么由于抑制了营养生长，就会促进结果。

生产上由于用肥不当、种植密度过高等原因，会造成部分田块长势过旺，难以坐果，如按常规方法整枝，势必愈剪愈旺，可采用去强留弱的整枝法，剪除长势旺、幼果萎黄的主侧蔓，而保留生长势弱蔓，缓和长势，促进坐果。这是不得已而为之的补救方法。

（二）压蔓

压蔓是指在畦面合理摆布瓜蔓位置，间隔一定距离将瓜蔓压入土中，使之合理分布，改善植株通风透光的条件，增强植株同化效能，使植株防风，促进不定根的发生，增强根的吸收能力，是瓜田管理中经常应用且重要的技术。

压蔓可以固定植株，防止大风吹翻茎蔓，损伤秧蔓和幼瓜。压入土中的茎节上可促发不定根，扩大根系吸收面积，增强根系吸肥水能力。同时，压蔓可保证茎叶在田间分布均匀，充分利用光照，提高植株光能利用率，从而使茎叶积聚更多的养分而变粗加厚，有效抑制植株徒长，使养分和水分集中供应果实生长，更好地协调营养生长和生殖生长间的平衡。

1. 压蔓方法　压蔓有明压、暗压和压阴阳蔓等。通常在植株伸蔓后具有 6～7 片真叶、节间伸长时开始进行压蔓。先将瓜蔓在畦面放倒，将根部的土松动，将瓜蔓下的土抹平，用土块将瓜蔓基部压紧，使整畦瓜苗向同一方向生长，其后每隔 4～5 节压 1次，共 2～3 次。

（1）明压法　明压法又称为明刀、压土坷垃法。先轻轻把瓜蔓向上提，用瓜铲将下面土壤打碎、整平，然后将瓜蔓放下拉直，用事先备好的土块将瓜蔓压于茎蔓节间，以后每隔 20～30cm 长压一土块。明压法对植株生长影响较小，适于早熟、生长势较弱的品种，以及土质黏重、雨水较多、地下水位高的地区，而在风大、沙土地区不宜使用。

（2）暗压法　暗压法又称为压闷刀或压阴蔓，是指连续将一定长度的瓜蔓全部压入土内。先将待压蔓地面松土拍平，后挖一个深 8～10cm、宽 3～5cm 的小沟，将蔓理顺、拉直、埋入沟内，只露出叶片和生长点，覆土拍实。暗压法可有效控制植株长势，对生长势较旺、易徒长的品种效果良好，尤其适用于沙性土壤、丘陵坡地栽培。但暗压法要求压蔓技术性较强，费工费时。

（3）压阴阳蔓法　将瓜蔓隔一段埋入土中一段，称为压阴阳蔓法。先将压蔓处土壤松土拍平，左手提住瓜蔓压蔓节，右手将瓜铲横立切下，挤压出一条沟槽，深 6～8cm，左手拉直瓜蔓，把压蔓节顺入沟内，填实沟土，以后每隔 30～40cm 压 1 次。压阴阳蔓法适用于平原或低洼地栽培。

上述 3 种压蔓法除与栽培地区、种植品种和土壤特性等有关外，还与生产目的和栽植方式等关系密切。西瓜地膜覆盖栽培压蔓应明暗结合，即当蔓长 35cm 左右时压第 1 刀，此时茎蔓仍在地膜上，应用土块明压，不能划破地膜暗压；瓜蔓爬入地膜后狠压 1 刀即第 2 刀暗压，以后在串蔓畦每隔 4～6 节暗压 1 刀。但坐瓜节位雌花附近 1～2 节不要压入土内，以免影响果实生长，且便于翻瓜。

2. 压蔓注意事项

（1）坐果节和雌花出现前后两节不能压，以免损伤子房，影响坐果。

（2）不能压住叶片，以免减少同化面积。

（3）瓜蔓应分布均匀，以充分利用空间，当蔓叶多时，把生长点引向空处，接近畦沟时回转，不必翻动茎叶，以减少茎叶损伤。

（4）操作最好在午后进行，这是因为清晨瓜蔓质脆，易于折断、损伤。

西瓜压蔓有轻压和重压之分。轻压可使瓜蔓顶端生长加速，但瓜蔓较细弱；重压可使瓜蔓顶端生长速度减慢，但瓜蔓很粗壮，应根据植株和瓜蔓的生长势掌握。生长势较旺的植株应重压。如果植株徒长，那么可在蔓长到一定长度时将生长点埋入土中。

（三）倒秧和盘条

1. 倒秧　倒秧又称为板根，是指在西瓜幼苗团棵后、瓜蔓长达30～50cm 时，将处于半直立生长状态的瓜秧按预定方向放倒成匍匐生长的方法，分大扳根和小扳根两种方法。大扳根法是指在瓜苗南侧用瓜铲挖1条深、宽各5cm的小沟，再铲松根部周围土壤，同时，一只手持瓜苗根茎交接处，另一只手抓住主蔓顶端，轻轻扭转瓜苗，将瓜苗向南压倒于沟内，整平根际表土，并用细土封严地膜破口，再于瓜苗北边根茎处封一半圆形小土堆。大扳根法适用于长势较强的品种及沙地西瓜。小板根法是指将瓜苗从地上部近根处扳倒，而根茎部仍直立生长，只是将其上部压入地下1～2cm拍实的部分，留蔓顶端4～7cm任其继续自然生长，然后用土封住地膜破口。小扳根法适用于植株长势较弱的品种及黏土地上生长的西瓜。

2. 盘条　盘条是指扳根后，瓜蔓长至40～50cm时，先将西瓜主蔓和侧蔓（双蔓整枝）分别引向植株根际左右斜后方，并弯曲成半圆形，使瓜蔓"龙头"再回转朝向前方，将瓜蔓压入土中。如果主蔓较长，则弯的弧大些；如果侧蔓短，则弯的弧小些，使主侧蔓齐头并进。盘条要及时进行，如果盘条过晚，则盘条部位叶片已长大，盘条后瓜蔓弯曲处叶片紊乱，拥挤重叠，长时间难以恢复正常，对生长和坐瓜不利。由于适当盘条可缩短西瓜的行距，宜于密植，同时能缓和植株长势，使主侧蔓整齐一致，便于管理，故广泛应用于露地中晚熟西瓜栽培。

第四节　保瓜、护瓜与收获

一、留瓜节位

早熟栽培留瓜以主蔓第2雌花（10～15节）为宜，而一般露地栽培留瓜以主蔓第3雌花（15～20节）为宜。坐果前后如遇低温、阴雨等不利气候、植株长势较弱时，留瓜节位应适当提高；反之，留瓜节位应低一些。西瓜的留瓜节位与果形大小和果实品质有关，通常低节位留瓜，果形小，皮厚，含糖量较低；而高节位留瓜，成熟期晚，且易造成徒长，影响坐果。

二、人工辅助授粉

人工辅助授粉的作用，一是促进坐果，二是控制留瓜节位，对西瓜产量和果实的商品性有重要的作用。早熟品种栽培坐果期雌花开放时，气温较低，昆虫活动少，必须采用人工辅助授粉，促进结果。

（一）时间

开花后每早6时半至9时进行授粉，选素质好的雌花和雄花授粉。

（二）雌花和雄花的选择

雄花宜选瓜蔓长势中等，花朵大且鲜艳，花药发达，花粉较多者授粉。雌花宜选子房粗且长，花朵大，花柄粗长、弯曲者，授粉后易坐瓜，且长成大瓜、好瓜的可能性大。

（三）方法

授粉时，先将雄花摘下，去除或后翻花瓣，使雄蕊露出，然后用雄蕊花药在雌花柱头上轻轻涂抹，使花粉涂遍柱头，花粉量要充足。花期遇阴雨天气，可用纸帽或薄膜袋套在次日将开放的雌花上，将雄花取回室内干燥处。次日清晨，雄花正常开放散粉时，将雄花带到田间，取下雌花纸帽进行授粉，然后再套上防雨纸帽，确保授粉成功。

植株长势过旺，即使采用人工辅助授粉也难以坐果时，可采用雌花节前抑制性人工辅助授粉法，成瓜率可达90％以上。具体方法是对雌花进行人工辅助授粉，在雌花节前用2片小竹签，互为垂直地插入瓜蔓（不可插断），竹签宽度约为蔓直径的1/3，抑制养分输送至生长点，促进坐果。有的地区于坐果后留3～5片叶打顶，或把生长点压入土中，也可促进坐果。

三、促进果实的发育

可采用松蔓、顺瓜、曲蔓、垫瓜和阴瓜防晒等技术措施，促进果实的发育。松蔓是指在果实拳头大小时，将瓜后压的土块及时去除；或将压入土中的蔓提出地面，使茎蔓放松。顺瓜、曲蔓是指在果实拳头大小时，将主蔓尖端从瓜柄处曲折向南引伸。顺瓜的同时进行垫瓜，将幼瓜下的土面拍成斜坡，再把幼瓜顺放在坡上。干旱年份，为防止高温日晒引起瓜皮发老和雨后裂果，垫瓜的同时应进行阴瓜。阴瓜时，于垫瓜的斜土堆南侧挖一小坑，将果实的下部坐在坑内。沙土地土温高，一般都要进行阴瓜，防止裂日晒瓜，可将坐瓜节上的侧蔓盘于瓜顶上，用以遮阳，防晒护瓜。

四、护瓜

西瓜着地一面的瓜皮呈黄白色，商品价值低，且背阴面瓜瓤硬，含糖量低，品质差。为使整个西瓜果实均匀发育，在果实"定个"后，应每隔3~5天翻瓜1次，共翻3~5次，若遇阴雨天还要增加翻瓜次数。翻瓜宜在晴天下午太阳偏西时进行，顺着一个方向翻转。每次翻转的角度不能太大，切勿用力过猛。在果实发育到八成熟时，应把瓜竖起来，使果形周正，瓜皮着色良好。同时在果实下面垫上草圈，以避免病虫害发生，防止果面出现斑点。

五、坐瓜管理

地膜覆盖西瓜以中晚熟、中大型品种为主，要求瓜大丰产，1株1瓜为宜。一般主蔓上第1雌花结的瓜小、皮厚、易空心、多畸形、商品性低，应及时摘除。中晚熟品种优先选留主蔓上第2至第3雌花结的瓜，主蔓上留不住时再从侧蔓上选留。在主蔓上选留瓜时，最好在侧蔓上再选留一朵花期相近的雌花作为预备瓜。待幼瓜长到鸡蛋大小后，一般不再化瓜，可选留定瓜。定瓜时应选择子房肥大，瓜形正常呈椭圆形，瓜柄中等且弯曲，皮色鲜艳发亮的幼瓜。兼收二茬瓜者，应在头茬瓜已长大接近成熟时再选留，以免互相影响。

六、收获

（一）采收

果实达到生理成熟时应及时采收，下午采收的耐运输。如若远途运输,可提前几天,在西瓜七八成熟时采收。短途运销的,在八九成熟时采收。就地供应的,宜在九成熟以上时采收。鉴别西瓜成熟的方法很多,现介绍以下几种:

1. 算 即计算坐果天数。西瓜雌花开花授粉时即应做上标记,记载授粉日期,然后计算该品种从开花坐果到果实成熟所需要的天数,适时采收。这种鉴别方法最为可靠。一般小果型早熟品种,自开雌花到果实成熟约需 28 天;中熟品种需 28~32 天;大果型晚熟品种需 32~35 天。同一品种的果实的成熟快慢与雌花着生节位、播种期、栽培方式、土质、当年的气候条件等有密切的关系。如果雌花着生节位远、播种晚、日照强、气温高、旱地栽培、沙质土壤栽培,那么果实成熟的就快。如果雌花着生节俭近、播期早、日照差、气温低、黏质壤土栽培,那么果实成熟的就慢。

2. 看 即看果实的形态特征,同时观察植株的有关部位。识别果实的形态特征,主要是看果实表面的特征和果柄特征。凡成熟的果实,果皮光亮,花纹清晰,果蒂部收缩向内凹陷;瓜的阴面由白变黄;果柄上的茸毛大部分脱落退净。果柄旁的卷须开始枯萎,说明果实已经成熟。

3. 摸 用手摸成熟的西瓜有光滑感,发涩的是未成熟的瓜。

4. 弹 用手指敲打或指弹瓜面时,发出砰砰低哑浊音的多为熟瓜;发出噔噔坚实脆音的,多为生瓜;发出哑音的,多为过熟瓜。这是因为成熟瓜细胞内液泡增大,瓜瓤细胞中胶质层开始解离,近种子胎座组织空隙加大,故用手指弹上去,发出的声音低浊。

5. 浸 将西瓜浸入水中,浮着的为熟瓜,沉入水里的为生瓜,这主要是由于生熟西瓜相对密度不同的缘故。熟瓜的相对密度一般为 0.7~0.95,大于 0.95 的为生瓜,小于 0.7 的为熟瓜。

(二)乙烯利催熟

用乙烯利处理西瓜,可促进早熟,使西瓜提早上市,果实的食用价值和营养价值均有所提高。

1. 处理时间　用乙烯利处理西瓜，必须在西瓜已经长足个，但尚未成熟时，即雌花花谢后 20～25 天进行。

2. 处理部位　田间处理时，只能喷洒果面，最多喷洒到结果节位前后 2 节的叶片，不能喷洒茎蔓。浸果处理简单方便，即采摘后，将果实在乙烯利溶液中浸泡 3～5 分钟。

3. 处理浓度　浸瓜处理一般用 500mg/L 的乙烯利，喷洒则用 250～500mg/L 的乙烯利。

4. 处理效果　处理后，西瓜皮薄，果肉质地细、沙脆，瓤色深，糖度增加，种子发育也好。在 28℃～29℃ 的温度下，处理后 3～5 天为最佳食用期，超过 6～7 天则西瓜过熟。

七、简易贮藏

西瓜的采收期较为集中，当时气温较高，在常温条件下贮存比较困难，但由于果皮有一层较厚的厚角组织和蜡质层，能有效防止水分蒸发，即使在较高贮藏温度和低湿条件下，自然损耗率仅为 5％，可选用耐贮品种进行短期简易贮藏，一般可存放 10～15 天，不致影响品质，对于调节供应和提高经济效益有一定意义。

选择果皮坚硬、果肉致密、不易倒瓤的品种用于贮藏。于旺收期选收发育正常、八九成熟的瓜。采收时，留一段瓜藤，可以减轻贮藏对品质的影响。采收前用 0.1％ 的托布津或多菌灵喷雾，可减少贮藏中病害的发生。

常温贮藏通常利用防凉通风的普通房屋或仓库，地上铺一层麦草，就地堆放 3～4 层果，贮藏期间应通风降温，尤其是夜间，并经常检查翻瓜，发现烂瓜及时剔除。

练习题

1. 简述地膜覆盖的效果。

2. 简述常用地膜的种类及覆盖方式。

3. 地膜覆盖前如何选择地块？

4. 简述如何铺设地膜。

5. 简述西瓜栽培中整枝方式及注意事项。

6. 简述压蔓方式的种类及注意事项。

7. 如何对西瓜进行人工授粉？

8. 简述鉴别西瓜成熟的方法。

9. 如何对西瓜进行简易贮藏？

扫码解锁
○AI实践导师 ○在 线 阅 读
○技术指导 ○政 策 解 读

第五章 大棚西瓜栽培

第一节 大棚的种类和结构

大棚是在小拱棚双膜覆盖栽培的基础上发展起来的一种栽培设施。大棚棚体较大，结构日趋完整，空间增大，其保温和采光性能更为优越，能进一步提高早熟性和经济效益。

一、大棚的种类和结构

大棚的形式主要分为单面式和拱形（隧道）式两种。

（一）单面式

单面式大棚吸收了中国日光温室的优点，为东西延长向南倾斜棚面。这种大棚具有较厚且坚固的后墙和东西山墙，棚顶和南侧成一体，便于夜间盖苫保温。其构造有两种形式，一种带后坡，其横断面呈屋脊式，类似北京改良温室；另一种不带后坡，类似单斜面温室。单面式大棚保温性好，但较矮小，受光不匀，一般只宜做矮架栽培。

（二）拱形大棚

拱形大棚以南北沿长为宜，棚温一致，受光均匀，植株株间差异缩小。按建筑材料分类，大棚可分为装配式镀锌钢管大棚、简易钢管大棚和竹木结构大棚。

1. 装配式镀锌钢管大棚

这类大棚是中国自行设计定型生产的骨架，具有结构强度高、防腐蚀性能好、节省钢材和管理方便等优点，由于材料轻，容易装卸拆迁，无中柱，透光性好，更适于西瓜栽培，但造价高，一次性投资大。这类大棚有三个系列：

（1）GP 型系列 由中国农业工程研究设计院设计，安徽拖拉机厂制造，有 4m×30m、6m×30m、5m×42m 和 6m×50m 四种规格。

（2）PGP 型系列　由中国科学院石家庄农业现代化研究所设计，石家庄建筑机械厂制造，有 5m×30m 和 7m×50m 两种规格。

（3）GG 型系列　由太原市蔬菜办公室、太原重型机械厂和山西农业大学等单位设计制造。

2. 简易钢管大棚　这类大棚是江苏南部地区普遍使用的大棚类型，具有结构简单、用材省、造价低和易于自行加工等优点，如无锡市农业机械研究所和无锡市蔬菜局设计的 WX－6 型，因经济实用，已普遍推广应用。其跨度为 4～6m，长度为 30m，适合西瓜栽培。上海市农业机械研究所设计制造的 P 系列，跨度有 4m 和 6m 两种，也很实用。

3. 竹木结构大棚　这类大棚用木材、毛竹做拱架，跨度为 4m、高度为 1.8m、长度为 20～30m，取材易，造价低，一般可使用两年，南方产竹区可广泛应用。

二、大棚的性能

大棚具有良好的采光、增温、保温、保墒效应，能有效地克服北方早春低温的不良天气影响，为早春西瓜生产创造适宜的环境条件，是当前较为理想的早熟栽培设施。大棚采光效能好，昼夜温差大，适于西瓜生长发育；大棚空间大，操作管理方便，并可采取立架栽培，增加栽植密度，提高前期产量。

第二节　大棚栽培环境及调控

一、温度管理

根据不同生育期及天气情况，采用分段管理办法以促进植株生长和正常结果。定植后 5～7 天，要提高地温，以促进缓苗，为此要密闭大棚和小棚。如果白天棚温高于 35℃，则应遮阴以降温。若遇寒流，可在大棚内增设的小拱棚上面加盖草苫防寒。缓苗后开始通风，以调节棚温，白天温度不高于 32℃，夜间温度不低于 15℃。随气温上升，逐渐加大通风量，有利于植株稳健生长。为改善光照，9～15 时可将棚内小棚揭开，当瓜蔓长 30cm时可拆除小拱棚。5 月上旬盛花和坐果阶段，植株对温度和湿度反应较为敏感，而当时气候变化大，白天利用侧窗加强通风，温度保持在 25℃～30℃；夜间注意防寒，温度控制在 15℃以上，防止高温引起徒长和夜间低温造成落花落果。总之，大棚西瓜温度控制前期应注意保暖防寒，而坐果后则应加大通风量，以排湿、防病为中心。

二、棚内光照调节

大棚光照状况与植株生长、产量和品质有直接关系。棚内光照随着季节、天气而变化，在早春和阴雨天，光照强度明显不足。大棚不同部位的光强分布规律是自上而下递减，上部透光率为 61%，距地面 150cm 处透光率为 34.7%，近地面透光率为 24.5%；南北向大棚上午光照是东侧强，西侧弱，下午则反之，南北间的差异较小。此外，在大棚内套小棚保温时光照状况更为恶化。为此，建棚时应尽量减少立柱，选用耐低温、防老化无滴棚膜，保持薄膜清洁，适当通风排气，以改善大棚的光照状况。

三、湿度管理

大棚西瓜生育期间，空气湿度白天维持在 55%～65%，夜间维持在 75%～85%。湿度过高是影响西瓜正常生长和增加发病的主要环境因素之一，应采取栽培管理措施降低空气湿度，如地面覆盖地膜、前期控制浇水、中期加强通风等。随着植株生长，蔓叶满架后蒸腾量增大，浇水量增加，棚内空气湿度增高，在管理上一方面要注意通风，降低空气湿度；另一方面还要增加浇水量，以满足果实膨大的需求。

四、增施二氧化碳

空气中二氧化碳含量为 $300mL/m^3$，西瓜二氧化碳的饱和点

为 $1\,000mL/m^3$，大气中的二氧化碳远远不能满足西瓜光合作用的需求，在大棚密闭条件下可人为进行二氧化碳施肥，对增强植株光合效能，提高西瓜产量具有重要作用。二氧化碳施肥方法，一是在棚内堆积新鲜马粪，马粪在发酵过程中释放二氧化碳，每立方米的空间堆放 $5\sim6kg$ 马粪；二是燃烧丙烷产生二氧化碳，在 $600m^2$ 面积大棚内燃烧 $1.2\sim1.5kg$ 丙烷，可使棚内二氧化碳浓度提高到 0.13%，应根据栽培面积确定燃烧丙烷的数量；三是应用焦炭二氧化碳发生器，焦炭充分燃烧时可释放二氧化碳；四是最为简易的方法，在不被腐蚀的容器中放入浓盐酸，再放入少量石灰（碳酸钙），通过化学反应产生二氧化碳。二氧化碳施肥主要在西瓜生育盛期，特别是果实发育期。施用适宜时间是上午 10 时前后，此时光合作用旺盛，二氧化碳施用最佳浓度为 $0.1\%\sim0.15\%$。

第三节　大棚西瓜栽培技术要点

一、品种选择和培育大苗

（一）品种选择

西瓜塑料大棚栽培应选用早中熟、中果型、商品性状好、适口性佳、耐低温弱光、耐阴湿、宜嫁接栽培、早熟、丰产、抗病优良的品种。常用品种主要有京欣 1 号、郑抗 1 号、郑抗 2 号、郑州 931、抗病苏蜜、京抗 2 号、郑杂 5 号、皖杂 6 号、双星 11 号、金宝 1 号和洛菲林等。

（二）培育大苗

培育具有一定发育程度的健壮大苗是取得西瓜早熟的重要一环。播种期在定植期前 $35\sim40$ 天，培育具有 $3\sim4$ 片真叶的大苗，为此应改善育苗温度条件，北方采用日光温室育苗，而南方以大棚套小棚育苗，底部可铺设电热线。

大棚栽培轮作有困难，为了防止瓜类枯萎病的发生，可利用葫芦或瓠瓜作为砧木，进行嫁接栽培。嫁接苗耐寒性强，能够扩大根系的吸收范围，促进植株生长，有利早熟。

（三）合理密植

西瓜大棚栽培可较多地采用密植支架栽培，以充分利用空间，提高产量。种植密度与品种长势有关，苏蜜 1 号双蔓整枝行距 1m、株距 0.4～0.5m，每公顷 22 500 株，而琼酥长势较强，株距 0.5～0.6m，每公顷 19 500 株。

匍匐栽培畦宽 1.2～1.5m，单行或双行种植，每公顷种植 12 000 株左右，密植者每公顷在 15 000 株以上。

二、整地施肥

冬前深耕晒垡，使土壤疏松，以利增温。早春精细整地，丰产沟分层施肥，方法同地膜覆盖栽培。用量为每公顷腐熟鸡粪 45 000～60 000kg、过磷酸钙 750kg、硫酸钾 225～300kg。作畦一般以小高垄为宜，行距 1m、垄基部宽 60cm、垄面宽 40cm、垄高 15cm、垄沟宽 40cm、膜幅宽 70～80cm，垄沟不盖膜，以便沟内灌水。为增温保温，除滚盖地膜外，前期栽培床上还可加盖小拱棚，以便寒流侵袭或夜间低温时覆盖纸被、草苫保温，同时大棚四周增设围裙防寒，最好定植前 10～15 天扣棚膜，盖地膜，烤地增温。

三、适期定植

大棚西瓜应在棚内最低气温 10℃以上，5～10cm 地温稳定超过 13℃时，用苗龄 40 天左右、4～5 片真叶的嫁接苗定植。为充分利用保护设施及空间，多密植搭架栽培，株距 35～40cm、行距 1m，每公顷种植 2.4 万～2.7 万株。北方寒冷地区一般在 3 月中旬至 4 月上旬，按株距挖穴、浇水，水渗后将营养土坨埋入穴内，使坨与地表平齐。栽完后，垄面上插小拱架，扣小拱棚，再扣严棚，以提高温度。

四、整枝、搭架

整枝方式分为单蔓整枝和双蔓整枝。小果型品种以单蔓整枝为主,支架方式可分为"人"字架和篱壁架两种。篱壁架通风透光好,管理方便,应用较为普遍。当瓜蔓长 15～20cm 时即应搭架,架杆插在植株北侧,距瓜苗 20cm,每株插 1 杆,垂直插入土内深 20～25cm,高度以架顶距棚膜约 15cm 为宜,以免顶破棚膜。每行立杆的上、中、下部要有横杆串联,各排横杆高度保持一致。为了增加篱架的抗风能力和牢固程度,可在每个瓜畦的两端和中部将两排篱架连接起来。为使瓜蔓分布均匀,合理利用空间,改善光照条件,当瓜蔓长 50～60cm 时,应陆续上架绑蔓,其后每隔 25～30cm 绑一道。为延长瓜蔓长度,增加单株叶数,应采取曲蔓,绑成"蛇形"或"之"字形,使瓜蔓呈"S"形曲线上升。绑蔓时要求"抑强扶弱",生长势强的瓜蔓弯曲弧度大些,绑的较紧些;反之弯曲弧度小些,绑得轻些,最终使蔓顶端保持同一高度。注意将坐果部位的蔓绑在横杆上,便于以后吊瓜。

五、人工辅助授粉

大棚在密闭条件下缺少昆虫传粉,必须采取人工辅助授粉,以保证正常授粉受精,提高坐果率,促进果实发育。授粉时应注意雌花开放时间,及时进行授粉。花粉量要充足,花粉在柱头上涂抹要均匀。

六、追肥浇水

大棚搭架密植栽培,产量高,需肥水多,应加强管理。定植时要浇足定植水;抽蔓初期适当浇水,防止土壤干旱,结合浇水,距瓜根 20cm 处,每公顷穴施 3 000kg 腐熟饼肥,促进瓜蔓生长;坐瓜期以控为主,防止跑蔓"化瓜";西瓜膨大期每隔 3～5 天浇 1 次水,保持土壤湿润,同时每公顷追施腐熟有机肥15 000kg,分别在果实褪毛和果实膨大盛期施用。结合根部施肥,每隔 8～10 天叶面喷洒 0.5%～1%尿素和 0.2%～0.3%磷酸二氢钾溶液 1 次。也可在西瓜坐果期、果实膨大期各喷施叶面宝 1 次,或采用西瓜专用型植保 18 于苗期、花期叶面喷洒,西瓜膨大期瓜上叶面各喷施 1 次，每公顷每次用药量为 1 500mL 原液对水 750kg，对西瓜早熟丰产均有良好作用。

七、瓜期管理

（一）留果、吊瓜

大棚西瓜通常每株留 1 果，单蔓整枝选留第 2 雌花，通过授粉使其结果。如果第 2 雌花未能坐果，则改留第 3 雌花结果。双蔓整枝同时选留主蔓和侧蔓的第 2 雌花结果，如果两朵花同时结果，则在果实褪毛后从中选择果形端正、发育正常的幼果 1 个，集中供给营养，促进果实充分膨大。

吊瓜是为了防止瓜蔓负载过重而坠落。当幼果长到 0.4～0.5kg 时开始吊瓜，将幼果轻轻放在草圈上，再将 3 条吊带均匀地吊挂在立杆与横杆交叉处，务必绑牢，以免果实坠落。大棚东西两侧空间小，架枝较矮，可不必吊瓜，而采取盘条法，将果实节位以下的瓜蔓围绕架杆呈弧形、均匀地摆在畦面上，使坐瓜节临近地表。当幼果重 0.5kg 时，将瓜放于畦面，并在瓜下垫一层麦秸或细土，以减轻病虫侵害，坐瓜节以上蔓以"之"字形方式绑在架杆上。

（二）打项

摘心可人为控制瓜蔓高度，减少后期枝叶因生长而消耗养分，使营养集中供给果实发育，并使果实提前 2～3 天成熟。当植株顶部离棚顶约 30cm 时摘心，膜下留一定空间以利于通风，避免叶片贴近棚膜遮阴。摘心时间一般掌握在幼果直径 10cm、每株具有 40～50 片叶时，防止因摘心过早，导致总叶面积减少，影响果实正常发育。

八、除草、防病

搭架前进行一次浅中耕，消除畦面杂草，使行间表土保持疏松。瓜蔓上架后经常拔除杂草，减少养分消耗，有利于通风透光。

大棚空气湿度大，栽植密度高，通风透光较差，容易诱发病害，应注意及时预防和用药剂防治。同时，棚温较高，施用大量有机肥导致地下害虫（蛴螬、蝼蛄、地老虎等）集中为害时，应注意防治捕杀。

练习题

1. 简述西瓜栽培中大棚的种类。

2. 简述西瓜生产栽培中大棚的性能。

3. 如何对大棚内的光照进行调节？

4. 二氧化碳施肥方法有哪几种？

5. 简述大棚西瓜栽培技术要点。

6. 西瓜大棚栽培时如何整枝搭架？

7. 西瓜大棚栽培时如何进行肥水管理？

8. 西瓜生产中如何进行吊瓜？

扫码解锁

○AI实践导师 ○在线阅读
○技术指导 ○政策解读

第二篇 甜瓜栽培技术

第一章 甜瓜的生物学特性

第一节 植物学性状

一、根

甜瓜属直根系作物,根系比较发达,主根可以深入土中达1.5m;侧根分布范围半径可达2m,主要分布在地表30cm左右的土层中。甜瓜根属于好氧性根系,在通透性好的土壤中生长良好,而在通透性差的黏重土壤中发育不良。

根系的发育和地上部的生长发育状况有密切的关系,当土壤肥沃、水分适宜时,植株的地上部生长发育健壮,根系也比较发达。如果水肥供应不当,造成植株地上部发生徒长时,会抑制根系的生长。如果整枝过重也会影响根系的发育。

二、茎

甜瓜为蔓状草本植物,其茎通常被称为蔓。在不整枝的情况下让蔓自然生长,开始以主蔓(茎)为主,当侧蔓发生后,侧蔓很快生长起来,长度常常超过主蔓。在同一叶腋内可着生幼芽、卷须、雌花或雄花3种器官,有时在同一叶腋中内可着生多个雌花或雄花。甜瓜的分枝能力很强,在主蔓叶腋处可萌发一级侧蔓(子蔓),在子蔓叶腋中可萌发二级侧蔓(孙蔓),在摘除顶芽后可萌发很多子蔓和孙蔓。

三、叶

甜瓜的叶为单叶，互生，无托叶。叶形有掌状、五裂、近圆形、肾形，有角棱或全缘。叶厚 0.4～0.5mm，叶的长和宽均在15～20cm，大的可达 30cm 以上。叶柄长 8～15cm。叶缘有波状齿或锯齿，叶的两面都有刺毛。叶色深绿或浅绿。不同类型品种的甜瓜叶片的形状、大小、叶柄长度、色泽、裂刻有无或深浅、叶面光滑程度都不同。多数厚皮甜瓜叶大，叶柄长，裂刻明显，叶色较浅，叶面较平展，皱褶少，刺毛多且硬；薄皮甜瓜的叶较小，叶柄较短，叶色较深，叶面皱褶多，刺毛较短。同一品种在不同生态条件下，叶片的形态也有差异。水肥充足时，植株生长旺盛，叶片的缺刻较浅；水分过多时，叶片下垂，叶形变长。在高温干旱日照强烈的地区或环境中，叶片较小，且裂刻加深，刺毛多；水分充足、光照少时，叶片普遍增大，变长，裂刻变浅。保护地支架栽培时，叶柄与茎蔓夹角增大，叶尖下垂。

四、花

甜瓜的花腋生，基数为 5；即萼片 5 枚，花瓣 5 片，基部联合；雄花 3 组，雌蕊 3 枚；子房下位。

在花芽分化过程中，雄蕊两两联合成为 3 组，花丝较短；花药在雄蕊外侧折叠。开花时花药侧裂散粉，花粉黏滞。花为虫媒花。雄花花丝中央残留有完全花柱退化的台状痕迹。雄花发生最早，单生或簇生。

雌花的花柱很短，柱头肥厚，3～4 裂，靠合，子房下位。

两性花与单性雌花都称为结实花。两性花既有雄蕊又具雌蕊。花药位于柱头外侧，柱头和子房结构同雌花。

甜瓜子房的形状和大小多种多样，因种质而异。中国河北野生甜瓜的子房仅 0.5cm 长。子房的形状有圆、椭圆、纺锤、卵圆、短圆柱和长柱形等。子房的形状与果实的最终形状密切相关。

五、果实

甜瓜的果实为瓠果，侧膜胎座。果实由子房和花托共同发育而成。可食用部分为发达的中果皮和内果皮；一般外果皮为花托的外皮，较薄。

（一）果实的形状

甜瓜果实的形状有圆球形、长圆球形、扁圆形、椭圆形、卵圆形、纺锤形、圆筒形和梨形等，蛇形甜瓜的果实则为弯曲细长的圆筒形。

甜瓜果实的表面特征也多种多样。果皮有光滑与不光滑，有棱沟与无棱沟，有网纹与无网纹。棱沟分为大棱沟、小棱沟和密集的细棱等。网纹有裂纹、突纹和瘤状纹等类型。有的甜瓜近缘野生种的果实表面有刺状突起。

（二）果皮颜色

未成熟甜瓜果皮的颜色有淡绿、绿、浓绿。果实成熟后，由于果皮中叶绿素的消失，叶黄素、胡萝卜素和茄红素的显现，使果皮具有各种颜色，有不同程度的白色、绿色、黄色、灰色、褐色、暗红色，并具各色条纹、斑点。但也有一些绿色、白绿色品种，幼果与成熟果实的皮色差别不大。

（三）果肉颜色

不同种质的甜瓜的果肉有多种颜色，有不同程度的绿色、白色、橙红和黄色等。有的甜瓜果肉具有两种颜色，从外往里如绿—白、绿—橙—红等。甜瓜果肉颜色是由胡萝卜素（橙黄）、茄红素（红）、叶绿素（绿）的存在与否及存在的多少所致。

在甜瓜果肉颜色与果皮颜色之间还存在一定的连锁关系，如黄色果皮的果肉多为浅绿色或白色；绿色或灰绿色果皮的果肉多为绿色。

（四）果实大小

厚皮甜瓜单果重一般为 1～5kg，有的在 10kg 以上，美国的甜瓜王可达 25kg；薄皮甜瓜单果重多为 200～500g，大果型品种可达 1.5kg。野生甜瓜果实小且多，每株可结果 40～50 甚至上百个，单果重从 10～70g 不等。蛇形甜瓜单果重 2～3kg，果长可达1.6m 以上。

六、种子

甜瓜的种子有披针形、长扁圆形、椭圆形和芝麻粒形等多种形态；表面平直或波曲。每个甜瓜的种子粒数因种质不同而不同，一般为 400～600 粒，多的达 900 多粒。

甜瓜种子的颜色有橙黄、土黄、黄白、浅褐和紫红等。厚皮甜瓜的种子黄色的居多；薄皮甜瓜的种子多为黄白色，少部分为紫红色。

甜瓜种子的大小在不同类型之间变异十分丰富。通常厚皮甜瓜的种子长 10～15mm（最大的达 18mm），宽 4～5mm，厚1.65mm 左右，千粒重 25～80g；薄皮甜瓜种子长 5～7.5mm，宽2.5～3.1mm，厚 1.21～1.3mm，千粒重 8～25g。中国华北的野生甜瓜种子最小，长 3.5mm，宽 2.4mm，厚 1mm，千粒重仅 5g。

第二节　生长发育周期

甜瓜是瓜类中熟性早晚差异最大、变异最多的植物。不同类型、不同品种的甜瓜生育期长短差异很大。薄皮甜瓜的早熟品种，全生育期仅 65～70 天；厚皮甜瓜的早熟品种全生育期为 85天左右，而厚皮甜瓜的晚熟品种如新疆的青皮红肉冬瓜，整个生育期长达 150 天。

世界上各种类型、品种的甜瓜，虽然全生育期的长短差异甚大，但从播种出苗到第 1 雌花开放的时间却相差不大，一般都为48～55 天。

虽然各类甜瓜生育期长短不同，但都要经历相同的生长发育阶段，即发芽期、幼苗期、伸蔓期、开花结果期。每个阶段各有不同的生长特点和生长中心，植株形态或果实形态及内部变化不断发生，各阶段之间有明显的临界特征。在全生育期，植株的重量增长表现为慢—快—慢的规律，呈"S"型曲线。各阶段的生长特点，以中早熟厚皮甜瓜为例介绍如下：

一、发芽期

从播种至第 1 真叶出现为发芽期，约需 10 天。这一时期幼苗主要依靠种子内贮藏的养分生长，绝对生长量很小，以子叶面积的扩大、下胚轴伸长和根量的增加为主。

（一）发芽过程

甜瓜种子因富含脂肪和蛋白质，所以吸水量较大，需浸种 8～12 小时方能充分吸胀。种子吸胀是一个物理过程，其时间长短还与甜瓜种子本身的含水量有关。充分干燥或在干燥器中经多年存放的种子浸种时间长；反之，新种子和含水量较高的种子浸种时间较短。

种子充分吸水后，在适当的温度和空气条件下，种子中的酶开始活跃，水解作用占优势，使子叶中的不溶性贮藏物质在酶的参与下转化为水溶性的营养物质，胚根和胚芽开始萌动。脂肪在脂肪酶的作用下，分解成脂肪酸和甘油。脂肪酸和甘油很快被用于种子发芽的生长过程；脂肪进一步转化为糖，被用于幼苗的代谢。脂肪转化的生化过程发生在子叶中。

（二）发芽条件。

1. 温度　厚皮甜瓜种子发芽的适温为 25℃～35℃，最适宜发芽温度为 28℃～33℃；薄皮甜瓜种子发芽的最适宜温度为 25℃～30℃，15℃（有些薄皮甜瓜为 12℃）以下不能发芽。

在 15℃～25℃ 的温度条件下，温度越低，出苗时间越长，种芽生长越缓慢，常在土中屈曲而难于出土；在 25℃～35℃ 温度条件下，提高温度可以缩短发芽时间并提高发芽势。在通常不能发芽的 7℃～12℃ 的低温下，用 100mg/kg、200mg/kg、500mg/kg 赤霉素水溶液处理种子，可显著提高种子的发芽率。

2. 水分 甜瓜种子吸胀需吸收种子绝对干重的 41%～45% 的水分。种子吸水后体积增大，种皮破裂，气体交换加强，原生质由凝胶状态转变为不溶胶状态，生理活动和代谢活动加强。

由于甜瓜种子在发芽过程中呼吸旺盛，需氧量较大，因此在水中不能发芽，播种后土壤水分过多或催芽时积水都会使发芽不良。甜瓜是子叶出土的植物，土壤疏松对发芽、出苗都很重要。

3. 光照 甜瓜与其他瓜类作物一样，种子发芽对光的反应属嫌光性。在黑暗和较暗的条件下发芽良好，而在有光照的条件下发芽不良，对光照和黑暗的反应部位为胚。另外，光对发芽的影响还与甜瓜的种类和发芽的温度有关，20℃以下发芽表现为嫌光，温度越低影响越大，但胚在高于 20℃高温下对光无反应。

二、幼苗期

从第 1 片真叶出现到第 5 片真叶出现为幼苗期，历时 25 天左右，这一时期幼苗生长量较小，全期仅发生 5 片真叶，此期以叶的生长为主，茎呈短缩状，植株直立，主茎每天伸长 0.5～1cm，幼苗地上部生长缓慢。这一阶段是幼苗花芽分化、苗体形成的关键时期，在这一阶段根系不断扩展，第 2 片真叶出现时主根深 20cm 左右，侧根扩展 25～30cm。

随着第 1 片真叶出现，花芽分化即已开始，到第 5 片真叶出现时，主蔓已分化 20 多节，一株幼苗可分化叶 138 片，侧蔓原基 27 条，花原基 100 多个，与栽培有关的花、叶、蔓都已分化，苗体结构已具雏形。在日温 25℃～30℃、夜温 17℃～20℃、日照 12 小时的条件下，花芽分化早，雌花着生节位低，花芽质量较高，2～4 片真叶期是分化的旺盛期。

三、伸蔓期

从第 5 片真叶出现到第 1 雄花开放为伸蔓期，需 20～25 天。在这一时期，植株生长量逐渐增大，以营养器官的生长占优势。根系迅速向水平和垂直方向扩展，吸收量不断增加；侧蔓不断发生、迅速伸长，主蔓生长点一昼夜可延伸 10～20cm；叶片不断增加，叶面积迅速扩大，一个生长点 2～3 天就能增加 1 片新叶。

茎叶生长的适宜温度为白天 25℃～30℃，夜间 16℃～18℃，长期处于 13℃以下，40℃以上会造成植株生长发育不良。

在伸蔓期的营养生长阶段，幼苗同时不断进行细胞分裂，从而发育长大。为使营养生长适度而植株又不徒长，使以后的开花坐果（生殖生长）不受影响，应及时整枝，对茎叶的生长进行适当调整。因此，伸蔓期是田间管理的重要时期。

四、结果期

从第 1 雌花开放到果实成熟为结果期。生育期不同的甜瓜主要表现为结果期长短的差异，早、中、晚熟品种之间有显著差异。早熟的薄皮甜瓜结果期仅 20 多天，而晚熟的厚皮甜瓜结果期可长达 70～80 天。

在这一时期，植株以果实生长为中心，根据生长的特点可将结果期划分为前期、中期和后期。

（一）结果前期

从雌花开放到果实迅速膨大，需 7～9 天，是植株从以营养生长为主向以生殖生长为主的过渡时期，果实生长优势逐渐形成，但营养生长势仍较强。

在结果前期，幼果的体积和重量虽然增加不多，但植株的营养状况不仅关系到能否及时坐果，而且对果实的发育也有很大影响。因此，及时进行植株调整，防止茎叶徒长，促使养分向果实运输以促进幼果膨大是这一时期的主要工作。

（二）结果中期

从果实开始迅速膨大到停止膨大，这一时期的长短因品种熟性和果实最终大小而不同，早熟小果型品种为 13～16 天，中熟品种为 15～23 天，晚熟大果型品种在 19～26 天以上。

结果中期是全株重量增加最快的时期，也是果实体积和重量增长最快的时期，全株绝对增长量最大。这一时期的生长量占全株最终生长量的一半以上，平均日增长量达到最高值。

在结果中期，全株重量的增长主要体现在果实的增长，每天果径的增长可达 5～13mm 以上，增重可达 50～150g。这一时期是果实体积和重量增长的重要时期。

在结果中期，根、茎、叶的生长量显著减少，果肉细胞迅速膨大，光合产物主要向果实运输。这一时期水、肥、光照等条件的好坏可显著影响果实肥大的程度和物质积累的多少，因此，结果中期是决定果实最终产量的关键时期。

（三）结果后期

从果实停止膨大到成熟，早熟品种需 14～20 天，中晚熟品种需 20 天以上甚至更长。这一时期植株根、茎、叶的生长趋于停止，果实体积虽然停止增大，但果实重量仍有增加。果实除了继续积累营养物质外，后期最主要的变化是果实内部贮藏物质的转化。良好的温度、光照和水分管理是提高品质的关键。因此，结果后期是有关果实品质的重要时期。

综上所述，甜瓜植株绝对生长量是以结果期最大，伸蔓期次之，幼苗期较小，发芽期最小。相对生长量的变化，发芽期和幼苗期所占比例甚微，营养生长期和结果前期逐渐增加，结果中期达最高值；平均日增长量有同样的规律。

五、成熟采收期

当果实达到生理成熟，果实内的糖分积累达到最高值，散发出芳香味，外观呈现出本品种的特征时就进入成熟采收期，从采收第 1 茬瓜一直延续到采收完毕，持续时间因品种及栽培管理方式和水平而异。薄皮甜瓜果实较小，在栽培上多次留果，单株留果较多，采收期较长，一般持续 20～25 天。厚皮甜瓜果实较大，尤其是一些大果品种，往往只留 1～2 个果实，甚至 1 个，采收期很短，一般持续 10～15 天。早熟栽培中，一般采取大密度、早整枝疏果栽培法，每株只选留 1～2 个果实，集中管理，集中采收，采收期只需 10 天左右。另外，完熟的果实松软多汁，耐贮运性很差，为了长途运输和销售的需要，在果实完熟以前采收，到目的地后进行催熟处理,已成为甜瓜主产区外销果实经常采用的方法之一。

第三节 对环境条件的要求

一、温度

甜瓜是喜温、耐热的作物,在寒冷的条件下不能生长。当气温低于15℃时,甜瓜的生长发育受到抑制;当温度在10℃以下时,甜瓜停止生长;当温度降到7℃时,甜瓜会发生冷害;当温度降到0℃时,甜瓜就会因发生冻害而死亡。甜瓜生长的适宜温度为25℃～30℃,在30℃～35℃时也能正常生长,最高可耐45℃～50℃的高温。但在持续超过35℃的高温条件下,果实的糖分积累会受到不良影响,甜度将下降。尤其是在高温而昼夜温差又比较小的情况下,果实的品质将明显下降。另外,持续的高温还会降低植株的抗病能力,这是甜瓜夏季栽培的主要障碍因子。

厚皮甜瓜和薄皮甜瓜的生长发育所需温度有所不同,厚皮甜瓜要求的温度比薄皮甜瓜要高约2℃。厚皮甜瓜全生育期所需≥15℃的有效积温,早熟品种为1 500℃～2 200℃,中熟品种为2 200℃～2 900℃,晚熟品种为3 000℃以上。

温度的日较差是影响甜瓜品质的关键因子,白天气温高,植株的光合作用强,制造的干物质多;到了夜间气温较低,呼吸作用等消耗性代谢活动弱,有利于干物质的积累。另外,果实成熟期较大的日较差也有利于糖分的转化,从而能够提高果实的品质。在日光温室中,早春和晚秋的昼夜温差多在15℃左右,有时高达20℃以上,非常有利于生产优质甜瓜。

二、光照

甜瓜是喜光作物。在光照充足的条件下,植株生长健壮,果品优良,否则,植株瘦弱,甚至不能开花结果。甜瓜植株正常生长发育,每天需要10～12小时的日照。每天的日照达到12小时,有利于形成雌花；每天日照达到 14 小时，侧蔓发生早，植株生长快；每天日照不足 8 小时，植株生长不良，雌花和雄花减少，不易坐果。甜瓜全生育期所需日照时数在不同品种之间差别很大，厚皮甜瓜的早熟品种为 1 100～1 300 小时，中熟品种为 1 300～1 500 小时，晚熟品种为 1 500 小时以上。薄皮甜瓜需要的日照时数稍少些。

薄皮甜瓜比厚皮甜瓜的耐阴能力要强些。但当高温天气，太阳暴晒时，果实易受阳光灼伤，此时要注意保护果实，使其免受阳光直射。

三、水分

甜瓜是耗水量较大的作物，每形成 1g 干物质需消耗 600～700g 水。甜瓜蒸腾作用强烈，同果实中的糖分积累有明显的正相关关系。因此，保持土壤中的水分充足，而使空气保持干燥，非常有利于培育优势甜瓜。反之，如果多雨、空气湿度大，就会影响甜瓜植株的生长发育，使果实品质变劣。尤其在果实成熟期，空气湿度一般以不超过 50% 为宜。相对来说，薄皮甜瓜比厚皮甜瓜耐湿一些。

虽然甜瓜需水量较大，但瓜田中不能长期积水，灌溉时务必注意要保持瓜田见干见湿。一般 0～30cm 土层的相对含水量保持在 70%～75%，最高不能超过 80%，但也不能低于 50%。

甜瓜在不同的生长发育阶段对水分的要求是不一样的。在幼苗期需水量较少，在底墒足的情况下一般不用浇水。在伸蔓至开花期，植株需水量增加，要适当浇水。膨瓜期是甜瓜一生中的需水高峰，要及时进行灌溉，不使其发生干旱。进入成熟期要及时停水，以防止水分过多，影响果实的糖分积累。

四、土壤

甜瓜在土壤疏松、土层厚、通透性良好的沙壤土上生长良好，果实品质优良；在黏性土壤上地上部生长旺盛，成熟期推迟，易发生病害，果实品质不好。甜瓜生长适宜的 pH 值为 6～

6.8，但在 pH 值为 7～8 的情况下也能正常生长。甜瓜具有较高的耐盐能力，一般当土壤中的含盐量不超过 1.14％时，能正常生长，在盐碱地上栽培的甜瓜的糖分含量还会有所提高。

五、肥料

甜瓜一般比较茂盛，需肥量比较大。甜瓜对氮、磷、钾三要素的吸收比例大约为 30：15：55，需钾量远高于一般作物，在施肥过程中一定要注意施用。甜瓜的生长发育还需要其他营养元素，如锌、镁、钼、铁、硼等微量元素。一些生长期较短的品种相对来说需肥量少些，生长期长、生长茂盛的品种需肥量多些。一般生产 1 000g 果实需要氮 3.5g、五氧化二磷 1.72g、氧化钾 6.88g、氧化钙 4.95g 和氧化镁 1.05g。要确定实际施肥量，首先应测定出土壤中各种养分的含量，再根据栽培品种的特征、特性确定施肥量。

练习题

1. 简述甜瓜叶的形态特征。

2. 简述甜瓜果实的形态特征。

3. 简述甜瓜种子的形态特征。

4. 简述甜瓜发芽过程及发芽所需条件。

5. 什么时期为结果期？结果期甜瓜的发育特点有哪些？

6. 甜瓜生长发育对温度有哪些要求？

7. 甜瓜生长发育对水分有哪些要求？

8. 什么样的土壤和肥料适合甜瓜正常生长？

第二章 甜瓜的品种

一、薄皮甜瓜（东方甜瓜）

这类甜瓜植株较小，长势中等，叶色深绿，叶片、花、果实和种子均较小，果皮薄，不耐贮运，果肉薄，常具香味，瓜瓤与附近汁液极甜，可以连皮带瓤一起食用。根据皮色可分为以下4个品种群：

（一）白皮品种群

瓜皮为白色、乳白色、白绿色，成熟时表皮阳面常转变为黄白色。主要品种有梨瓜、雪梨瓜、华南108、广州蜜瓜、银瓜、白兔娃、白线瓜、白沙蜜和五楼供等。

1. 梨瓜　江西省地方品种，是中国栽培区域较广的著名地方品种。中熟品种，全生育期91天，果实发育期30天。果实短圆形，柄端细，下端粗，因似梨形而得名。果皮乳白色，有细绿纵条，成熟后阳面泛黄。果肉白色，肉厚1.6cm，质脆、多汁，折光糖含量13%左右，品质优。果皮有垫牙感觉，较耐贮运。最大单瓜重500g，平均单瓜重300g。果柄不易脱落，不太成熟就可食，不倒瓤，可存放4～5天。种子中等偏小，粉白色，千粒重11g。

2. 华南108　来源于广东省。中熟品种，全生育期85～90天，果实发育期30～35天。果实短圆形，柄端细，下端粗。果皮白绿色，成熟时阳面泛黄，较耐贮运。果肉白绿色，质脆、汁多，折光糖含量12%～13%。最大单瓜重500g，平均单瓜重250g。种子小，白色，千粒重11g。

该品种适应性较广，南北均有栽培，是当前中国栽培面积较大的品种之一。在北方栽培时采用双蔓整枝，以孙蔓结果为主，株距 30～40cm、行距 100～110cm，每公顷种植 22 500～30 000 株。在南方栽培时适合采用多蔓整枝，每公顷种植 12 000 株。

3. 白沙蜜　由河南省临颍县种子公司从农家品种中选出。中熟品种，全生育期 85 天，果实发育期 30 天左右。果实高圆形，表面光滑。果皮乳白色，成熟时阳面略泛黄，较耐贮运。果肉白色，质脆、汁多，折光糖含量 12% 左右，品质中上，肉厚 1.4cm。最大单瓜重 750g，平均单瓜重 500g。每公顷产约22 500 kg。种子白色，中等大小，千粒重 15g。

4. 百足瓜　浙江省地方品种。中熟品种，全生育期 92 天，果实发育期 30～32 天。果实短卵圆形。果皮白色，成熟时阳面略泛黄，有纵向浅沟，较耐贮运。果肉白色，肉厚 1cm，肉质脆，折光糖含量 13%。最大单瓜重 300g，平均单瓜重 200g。种子黄色，粒小，千粒重 10g。

（二）黄皮品种群

果实成熟时，果皮黄色、金黄色。主要品种有黄金瓜、十棱黄金瓜、八方瓜、荆农 4 号、金塔寺、黄金道、南阳黄和黄金 9 号等。

1. 黄金瓜　浙江省地方品种。中熟品种，全生育期 90 天，果实发育期 30 天。果实长卵形。果皮金黄色，果面光滑，皮艮较耐贮运。果肉白色，肉厚 1.5～1.7cm，质脆、汁多，折光糖含量 12% 左右。最大单瓜重 500g，平均单瓜重 400g。种子黄白色，中等大小，千粒重 16g。该品种是浙江、上海一带的主栽品种。

2. 十棱黄金瓜　浙江、上海一带的地方品种。中熟品种，全生育期 90 天，果实发育期 30～32 天。果实长卵形。外形整齐，美观，果皮金黄色，有 10 条白色纵条，皮艮，较耐贮运。果肉白色，皮厚 1.8cm，质脆汁多，折光糖含量 10% 以上。种子淡黄色，中粒偏小，千粒重 13g。

3. 八方瓜　湖北省地方品种。中熟品种，全生育期 92 天，果实发育期 32 天。果实阔卵形。果皮浅黄色，表面凹凸不平。果肉浅绿色，瓜瓤橘黄色，肉厚 2.9cm，折光糖含量 11%。最大单瓜重 1.5kg，平均单瓜重 1kg。以孙蔓结果为主。种子黄色，粒极小，千粒重 6g。

4. 荆农 4 号　由湖南省荆州地区农业科学研究所育成。中熟品种，全生育期 90 天，果实发育期 32 天。果实长卵形。果皮黄色，有白绿色纵带，皮艮，较耐贮运。果肉白色，细脆，肉厚 2cm，折光糖含量 11% 左右。最大单瓜重 700g，平均单瓜重 400～500g。种子白色，中粒，千粒重 18g。

（三）绿色品种群

1. 海冬青　上海、浙江一带的地方品种。中熟品种，全生育期 87 天，果实发育期 30 天。果实长卵形，果顶稍大，果脐突出。果皮灰绿色，有浓绿细纵条，皮脆，不耐贮运。果肉绿色，肉质脆硬，微香，折光糖含量 13%，品质优。最大单瓜重 800g，平均单瓜重 500g。种子粉白色，中粒偏小，千粒重 12.3g。

2. 青皮绿肉　上海、浙江一带的地方品种。早熟品种，全生育期 81 天，果实发育期 28 天。果实卵圆形。果皮灰绿色，有浅沟，皮脆，不耐贮运。果肉绿色，肉细、汁多，折光糖含量 12%，肉厚 2.3cm，可食率高。最大单瓜重 1 000g，平均单瓜重 500g。种子粉白色，中粒，千粒重 19g。

3. 盛开花　陕西、河南两省的地方品种。早熟品种，全生育期 80 天，果实发育期 28 天。果实鸭梨形。果皮灰绿，成熟时阳面泛黄，果面光滑，有 10 条浅纵沟。果肉白色或淡绿色，肉厚 1.6cm，肉质酥脆，折光糖含量 8%，品质中下。最大单瓜重 700g，平均单瓜重 400g。种子黄色，中粒，千粒重 15g。该品种主蔓 2～4 节出现雌花，利用主蔓、子蔓结果。

4. 金塔寺　甘肃省地方品种。中熟品种，全生育期 90 天，果实发育期 30 天。果实卵圆形，脐大、突出，近脐部有 10 条纵浅沟。果皮灰绿色，成熟时阳面泛黄，皮脆，不耐贮运。果肉绿色，质脆、汁多，折光糖含量 10.5％左右。最大单瓜重 800g，平均单瓜重 500g。种子米黄色，小粒，似芝麻，千粒重 10.3g。

其他品种还有龙甜 1 号、铁把青和新甜瓜等。

（四）花皮品种群

果皮底色黄白，上有绿色斑纹或条纹，统称为花皮。主要品种有王海、十道子、红到边、小花道、蛤蟆酥、牙瓜、大香水等。

1. 王海　河南省地方品种。中熟品种，全生育期 90 天，果实发育期 30 天。果实长卵形。果皮绿色，阳面泛黄，有白色纵条，皮艮，较耐贮运。果肉白色、细脆、汁多，折光糖含量 11％以上。最大单瓜重 800g 左右，平均单瓜重 500g。种子粉白色，中粒，千粒重 18g。

2. 娄瓜　河南省地方品种。早熟品种，全生育期 80 天，果实发育期 20 天。果实扁圆形，容易坐果，脐大、突出。果皮黄绿色，有橘黄色晕，并有纵向白绿色细浅沟，皮薄且脆，容易擦伤。果肉绿黄色，近瓤处橘黄色，肉软、质面、味淡，折光糖含量 6％，肉厚 1.8cm。最大单瓜重 800g，平均单瓜重 500g。种子粉白色，中粒，千粒重 19g。

该品种主蔓 4～5 节出现结果花（两性花），子蔓每节均可出现结果花，结果早且整齐，是特早熟品种，适于早熟栽培。唯品质差是其缺点。

3. 红到边　河南省地方品种，中牟县栽培较多。中熟品种，全生育期 91 天，果实发育期 30 天。果实卵圆形。果皮浓绿，上有浅绿色与绿斑，皮脆、嫩，易擦伤。果肉橘红色至皮，故得名，肉软且细，折光糖含量 10％，品质中等，肉厚 1.5cm。最大单瓜重 500g 以上，平均单瓜重 350g。种子粉白色，中粒，千粒重 15g。

该品种以孙蔓结果为主。

其他品种还有小花道、牙瓜、羊角蜜、大香水、黄金道和八里香等。

二、厚皮甜瓜

厚皮甜瓜生长势较旺，叶片较大，叶色浅绿。中大果型，单瓜重 2～5kg。果皮较厚，多数有网纹，去皮易食。肉厚 2.5cm 以上，含糖量常在 12%～17% 之间。种子较大。一般品质好，耐贮运，晚熟种可贮藏 3～4 个月以上。对环境条件要求较严，喜干燥、炎热、温差大和强日照，抗病性、适应性较差。由于农业工作者的努力，已将种植地区从西北延伸到华北、东北、华东及华南。现仅将厚皮甜瓜当家的主栽品种、历史上起过作用的品种、通过审定和有代表性的品种，按照品种的成熟期和特性分为六大品种群进行介绍。

（一）早熟圆球形软肉品种群

这类品种共同的特点是早熟，果实为圆形或高圆形，成熟后果皮转为黄色或金黄色，外观美、肉软、汁多、浓香。

1. 新疆黄旦子　全生育期 75～85 天，果实发育期 33 天。果实近圆球形，果形指数 1.06。平均单瓜重 750g。成熟后皮色金黄，表面光滑。果肉白色或淡绿色，厚 3cm，肉质沙软适中，汁液中等、浓香，折光糖含量 14% 以上，品质中上。胎座黄色，种子黄白色，千粒重 55g，单瓜种子数 380 粒。成熟时果柄自然脱落。单株结瓜 2～3 个，每公顷约产 30 000kg。该品种较耐贮运，抗性较强，适应性广，主要分布于新疆昌吉、呼图壁等地，新疆北部地区有少量栽培，多作为厚皮甜瓜东移品种和东移育种材料。

2. 甘肃铁旦子　在兰州为早熟种，全生育期约 100 天，果实发育期 40 天。果实较小，扁圆，果形指数 0.97。单瓜重 500g 左右，最大单瓜重 600g。果皮绿色，成熟时转黄，贮藏后变橘黄，近脐部和蒂部有细裂纹。果肉淡绿近白色，肉厚 2.4cm，质软、汁中、清香，折光糖含量 13.4%，品质中上。种子灰白色，千粒重 40g，单瓜种子数 500 余粒。单株结瓜 2～3 个，每公顷产 22

500～26 250kg。该品种抗病性好，主要分布于兰州、临洮、武威、高台一带。

3. 河套蜜瓜 早熟，生育期100天左右，果实发育期42天。果实阔卵圆形，单瓜重750g。果皮橙黄色，果面光滑，果肉淡绿色，适期成熟时肉质细且酥，折光糖含量在14%以上，浓香，甘甜，爽口。该品种耐贮运，抗枯萎病，但不抗炭疽病，每年种植面积稳定在1 000～1 300hm^2。

其他品种还有麻醉瓜、兰甜5号、冀蜜瓜1号、黄醉仙、大庆蜜瓜、伊丽莎白、丽春等。

（二）早熟脆肉品种群

这类品种共同的特点是早熟，肉质脆甜，品质优，不耐贮运。

1. 纳希甘 生育期85天左右，果实发育期35天，为脆肉品种中最早熟者。果实长筒形，单瓜重1.8～2kg，果形指数1.89。果皮底色灰绿，覆黄绿和深绿色斑块，有10条灰绿色中宽纵沟，果实两端有细且稀的裂纹，皮厚0.5cm，脆且薄。果肉橘红色，肉厚3cm，质地松脆，汁液中等，折光糖含量15%左右，高者达18%。种腔稍大，离瓤，种子浅黄色，千粒重55g。该品种不耐贮运，抗病性较差，可作为早熟脆肉型育种材料。

2. 白皮脆 生育期85～90天，果实发育期35天。瓜形椭圆，果形指数1.47，单瓜重1.5kg。果面白色，有10条半透明的浅沟，熟后白里透红，外观很美。果肉橘红色，肉厚3.1cm，肉质细脆，汁液适中，折光糖含量12.4%，风味中上。胎座充实、离瓤。种子黄白色，千粒重66g，单瓜种子数600粒左右。单株结瓜2～3个，每公顷产30 000～37 500kg。该品种耐湿性比一般新疆甜瓜好。

（三）中熟夏瓜品种群

这类品种集中了厚皮网纹甜瓜中品质最优、数量最多的品种。

1. 赛力克可口奇（夏黄皮） 生育期90天左右，果实发育期43天。果实卵圆或椭圆形，果形指数1.42，单瓜重2.5～3kg。成熟后，果皮黄色，有少量绿色斑点，网纹中等粗密，布全果。果肉白色，厚3cm，质脆、多汁、爽口，微有清香味，折光糖含量13%，旱地栽培时折光糖含量可达16%，品质中上。种子黄白色，千粒重55g，较耐运输，是鄯善县著名东湖旱地甜瓜晾瓜干的主要品种。

2. 网纹香 生育期100天左右，果实发育期45～50天。果形短椭圆，果形指数1.3，单瓜重1.5～2kg。果面土黄色，覆有绿色或深绿色斑点，网纹中等粗，密布全果。果肉绿白色，厚3cm，肉质细脆，过熟则变软，纤维增多，汁液中等，醇香，折光糖含量16%，糖度稳定，品质上。种瓤白色，种子黄色，千粒重50g，单瓜种子数650粒。每公顷产瓜30 000kg。该品种果肉可贮藏半个月左右，宜短途运输，因糖度高，有香味而广受欢迎。

其他品种还有红心脆、含笑、红甘露、皇后和西域1号等品种。

（四）中晚熟秋瓜品种群

这类品种的成熟期和贮运性介于夏、冬瓜之间，农民称其为"二秋瓜"。

1. 秋黄皮 生育期105～117天，果实发育期49～55天。果实长椭圆，果形指数2.4，果柄不脱落。果面黄色或鲜黄色，有少量绿点，网纹中等粗，布满全果。果肉白色，肉厚4cm，肉质稍脆，汁液丰富，微具清香味，折光糖含量14%，风味中上。胎座白、充实，黏瓤。种子浅黄色，千粒重56.7g。单瓜重3～4kg，单株坐果1.8个，产量高，每公顷产60 000kg。该品种较耐贮运。

2. 新密杂7号 生育期约115天，果实发育期55天。果实卵圆或长椭圆形，平均单瓜重3.5kg，果柄不脱落。果面黄绿色，覆有深绿色条斑，网纹中粗，密布全果。果肉橘红，肉厚4cm，肉质松脆多汁，折光糖含量13%，品质中上。皮质较硬，耐贮运，适期采收，常温下可存放 1 个月，9 月下旬采收可做冬贮。该品种适应性好，产量高，一般每公顷产45 000kg 以上，主要在哈密及北疆地区种植，产品用于制罐加工，效果较好。

（五）晚熟冬甜瓜品种群

这类品种生长期长，成熟晚，耐贮藏运输，为新疆独有。

1. 青麻皮 生育期 120 天，果实发育期 50～60 天。果形长椭圆形，纵横径 31.9cm×16.9cm，果形指数 1.95，单瓜平均重 4.3kg。果肉淡绿色，肉厚 3.6cm，肉质稍粗脆，汁液中多，折光糖含量 12.6%，品质中。胎座淡绿色，不易离瓤。种子黄色，千粒重 67g，单瓜种子数 730 粒。该品种耐贮藏运输，可贮存到翌年 2 月。

其他品种还有哈密加格达、黑眉毛蜜极甘、卡拉克赛等。

（六）白兰瓜品种群

1. 大暑白兰瓜 晚熟种，在兰州全生育期 120 天，果实发育期 45～50 天。果实圆形，纵横径 15.8cm×15.7cm，果形指数 1。单瓜平均重 1.5kg。果面洁白光滑，成熟后阴面呈乳白色，阳面微黄，顶部与脐部略突起。果肉绿色，肉厚 3～4cm，肉质软，汁液丰富，清香，味美，折光糖含量 14%，品质上。种子橙黄色，千粒重 49g，单瓜种子数 500 余粒。该品种耐运输，是甘肃省的外销品种，是兰州市的主栽品种。

2. 黄河蜜 生育期比白兰瓜早 10 天左右。果实圆形或高圆形，平均单瓜重 2.16kg。果皮金黄色，光滑美丽。果肉绿色或黄白色，肉质较紧，汁液中等，糖度高，折光糖含量 14.5%，最高 18%。每公顷产瓜 37 500～45 000kg。

练习题

1. 栽培甜瓜分为哪几种？

2. 薄皮甜瓜共有哪些品种群？

3. 薄皮甜瓜中的花色品种群的主要品种有哪些？

4. 厚皮甜瓜有哪些品种群？

第三章 薄皮甜瓜露地栽培

一、栽培方式与土壤选择

（一）轮作与间套作

1. 严格轮作 薄皮甜瓜忌连作，应实行 3～5 年以上的轮作，旱地的轮作年限比水田要长一些。薄皮甜瓜一般与大田作物轮作，为了减少病虫侵害，不宜选用老菜园地种瓜，也不应与其他瓜类作物接茬，通常以选择前一年收获腾茬时间较早的大秋作物如甘蓝等比较好。熟荒地的肥力高、病虫少，适于种瓜。薄皮甜瓜是比较理想的荒地先锋作物，瓜茬地肥力足、后效高，后作粮食或蔬菜均可显著增产，后作物以小麦等越冬作物和萝卜等秋菜为多。

2. 合理间套作 薄皮甜瓜的生长周期短、行距宽，适于在行间进行间作、套作。一般以在幼苗期套作小麦、大麦、油菜和蚕豆等作物的为多，前一年当这些越冬作物进行播种时，就应留出瓜路，次年春薄皮甜瓜就在这些事先留出的瓜路上适时进行直播或定植，这些先行生长的直立性越冬间作物可以起到很好的屏障作用，保护幼苗防风御寒。棉花、豇豆、大豆和甘薯等都是薄皮甜瓜地的常用后套作物，通过合理调节播种期，错开旺盛生长期，使套作物之间的生长竞争矛盾得到合理解决。亦可在新开始幼龄果园或茶园内进行间作栽培。

（二）整地作畦

1. 田块选择 种植薄皮甜瓜要选择背风向阳的地块。北方春夏干旱，旱地种瓜应选地下水位较高或地势稍低的地方，河滩地与夜潮地栽培最为适宜；可以进行灌溉的地块，应选地势比较干燥平坦的地段，南方阴雨多湿，要挖排水沟和做高畦。沙质土壤的通透性好，早春地温回升快，昼夜温差大，用以种瓜发苗快、成熟早、品质好，但往往由于肥力不足而容易引起植株早衰、病害多、果实小、产量不高。

2. **整地作畦** 准备种薄皮甜瓜的地块，在前一年秋作物收获后，普遍进行一次冬前深耕，要求深度在 30cm 以上，耕而不耙以积蓄冬季雨雪，使土壤充分晒垡熟化，从而有利于翌年瓜根深扎。开春后再行耕翻耙糖，使耕作层细碎无大土块，瓜地经耕翻、施肥、整平后，即可按行株距要求进行播种，水浇地均应作畦灌水。北方干旱、风沙大，为了保墒都做成低畦，畦面与地面平，畦间打土埂以便挡水，干旱缺墒时进行畦面浸灌，也有不打畦埂而临时挑沟灌水的。南方多雨均做成高畦高垄以利排水，畦面高于地平面，在畦与畦之间的深沟内进地排灌。在地下水位较高的水稻田上种植香瓜时，畦面还要做高一些，水沟要深挖一些。

二、普通露地直播

香瓜根系生长迅速，但木栓化程度比较大，幼根表皮容易形成周皮，移植伤根后的恢复再生能力比较弱，还苗很慢，因此，生产上习惯采用直播方法。种子要经过精选，去除杂质和劣籽。播种可以用干籽、湿籽或出芽籽。干籽的适应性强，可以提早播种，当土壤温湿度适宜时即能自行发芽出土。播种出芽籽时，出苗快，成苗率高，但遇上低温阴雨天，就容易烂籽，影响出苗。

（一）播种期

露地最早直播期应以地温已经稳定在 15℃ 以上以及出苗后晚霜刚过为原则，按此标准计算，北方地区要到立夏才能直播。

（二）播种量

一般每 667m² 直播用种量为 20～25g，密植和播种干籽时用种量多，稀植或播芽时就比较省籽。行株距通常为（100～167）cm×（50～67）cm，每 667m² 种植密度为 600～1 000 株。

（三）播种方法

露地直播采用穴播法，每穴播籽5~6籽以上或播芽3~4个，播种时常因底墒不足，需要临时浇穴水或借墒播种（即挖去干层借用附近深层湿土填入后播种）。为了增温保墒、促进幼芽出土，北方瓜农普遍采用浅播深盖加小土堆的办法。

三、育苗栽培

育苗移栽是薄皮甜瓜栽培中应用非常广泛的一项技术措施。尤其在北方四季分明的地区，育苗移栽是进行早熟栽培的主要措施之一。在其他条件下，利用育苗移栽技术，可灵活调整播期和果实成熟期，使开花、坐果、成熟等关键生长阶段处于良好的季节，充分利用生长季节的气候条件，还可以利用育苗设施如日光温室和自动化温室，对幼苗进行光温锻炼，提高植株的抗逆能力，同时还可提高幼苗的整齐度。育苗移栽是培育壮苗、齐苗的重要手段，也是甜瓜早熟栽培、周年栽培的关键技术措施。

（一）育苗方式和育苗室的选择

随着保护地栽培设施的迅速发展和生产需要，育苗技术和手段不断发展。另外，随着薄皮甜瓜生产产业化的兴起，薄皮甜瓜生产的专业化生产亦现端倪，大规模工厂化育苗呈现出迅猛发展的势头。根据设施的条件和技术水平，育苗方式大致可分为以下3种：

1. **无土育苗** 主要用于大规模工厂化育苗。无土育苗容量大，易于操作，便于管理，但对于育苗室的要求很高，主要在条件较好的大型的自动化温室内采用。基本设备包括：

（1）催芽设备 在进行大量育苗时，一般设立专门的催芽室。催芽室具有自动调温、调湿和调光功能，大小可根据需要而定，内置育苗车，或设多层育苗架，上下间距15cm。在催芽室有代表性的位置放置温度、湿度测量仪表，以随时掌握室内的温度、湿度情况。

（2）绿化室 即育苗室，为了提高育苗质量，一般在有良好控温、控湿条件的自动化温室中进行，也可在一般大棚或温室中进行。一般在育苗室中设电热温床或育苗池等。如果幼苗以后用于无土栽培，那么育苗时可选用一般栽培基质进行育苗；如果幼苗将来用于一般栽培，那么育苗时可用营养钵或岩棉块等育苗，当然也可用一般无土无栽培基质进行育苗。在起苗时和定植时，要格外注意不能伤害幼苗的根系。

2. 温室育苗　主要是指利用日光温室育苗。日光温室是薄皮甜瓜保护地栽培以及其他蔬菜保护地栽培应用非常普遍的设施，在各地很方便地被用作育苗室。温室育苗一般采用苗床育苗。苗床育苗占地较多，但有利于增温、保温，适宜一家一户育苗。日光温室一般没有调温、调光设施，在育苗过程中需要埋设地热线以提高地温，有时还需要在温室内再加盖小拱棚来保温，还可架设空气加热线、安放蜂窝煤炉等。温室育苗一般要采用营养钵。

3. 苗床育苗　苗床育苗是过去经常采用的育苗方法。根据当地的条件因地制宜采用不同的增温保温方法，或直接在阳畦中播种而不建造专门设施。苗床育苗完全依靠自然条件来增温，因此，播种期要根据当地的气候条件严格掌握。苗床育苗只在露地栽培，或在一些要求不高的早熟栽培中采用。建造苗床要选择背阴向阳的地方，周围要建风障。育苗床的建造方式有阳畦、起垄、地下和半地下等，根据需要灵活运用。根据需要，苗床也可加盖小拱棚等增温保温设施。

（二）育苗前的准备

1. 苗床建造　建造什么样的苗床要根据采用的育苗方式而定。无土育苗只需在温室中架设立体支架。日光温室育苗也不需要修建专门的育苗床。当需要盖小拱棚时，可按照棚膜的规格修筑 5～10cm 高的土台，为了管理方便，土台宽度一般不超过150cm，长度可根据温室的大小掌握。

当采用苗床育苗时，苗床的修建就成为一个重要的环节。首先，要选好建造苗床的地点，要把苗床建在背风向阳、地势高、平坦、干燥、管理方便的地方。苗床宽度一般为 1～1.5m，长度以不超过 10m 为宜。苗床以东西走向为好，这样受光比较均匀，床与床之间要留出一定的距离以做作业道，并防止棚与棚之间互相影响光照，作业道要低于地面以利于排水，一般作业道宽度以 1m 为宜。为了提高苗床的保温性能，苗床要做床坑，深度一般为 25～30cm。为提高受光率和提温保温性能，可把苗床建成北高南低的斜面，床壁的土要夯实呈直角，北壁高 50cm 左右，南壁高 20cm 左右。建风障时，要与苗床之间留出足够的距离以不影响苗床光照和作业方便。

2. 营养土配制　配制营养土要注意 3 个方面。第一，选土，要求质地疏松，保水通气性好，含有丰富的营养，而且制坨后，见干不硬、湿而不散、无虫无菌，以使培育的幼苗根系发达、生长健壮。一般以轻壤土为好。第二，营养土的配制，一般以 2 份充分腐熟的马粪或草木灰、2 份充分腐熟的猪粪、6 份没种过瓜类的轻壤土，每立方米再加过磷酸钙 1kg、草木灰 5kg，或硫酸钾四元素复合肥（含氮 15％、五氧化二磷 15％、氧化钾 15％）1～1.5kg，这样配出的营养土不仅可满足育苗对养分的需要，物理性状也能满足培育壮苗的需要。营养土配好要过筛。第三，杀菌灭虫，在播种前，配好后已过筛的营养土要进行杀菌灭虫，一般用甲基托布津或多菌灵 800 倍液边喷洒边混拌处理。

3. 装土　薄皮甜瓜的根系发生木质化较早，再生能力较差，必须在适当的容器内育苗，才能在移栽时保持根系的完整不受伤害。常用的育苗容器有塑料钵、纸钵等，一般称为营养钵。营养钵的大小可根据所确定的移栽苗龄和品种而定，移栽苗龄较大时或生长势较强的品种，营养钵要大些，一般直径在 4～6cm、高度在 8～10cm。利用苗床育苗时，如果在 2 叶期以前移栽，则可直接播在阳畦中，移栽前灌水将土润湿，将瓜苗周围切成土块进行移栽。但播种前将表层土壤进行消毒，配制方式参照营养土的配制。选取营养钵后，把配制好的营养土装入营养钵中，装土时要用手按实，尤其是下部的土壤一定要按实。

4. 种子处理

(1) 选种和晒种　选取成熟度好、外观丰满光亮的种子，然后把种子放到阳光下晒种。种子成熟度好，各器官发育充分，胚乳中储存的营养物质丰富，为种子发芽提供充足的营养，是培育壮苗的基础。晒种可促进种子的后熟作用，提高种子的发芽势和发芽能力，缩短发芽所需时间，减少发芽过程中的养分消耗，对培育壮苗、促使苗齐很有意义。

(2) 浸种和催芽　用40℃～50℃的温水浸种，水温自然冷却至30℃后浸种4～6小时，然后用清水淘洗种子，除去浮秕籽。也可在浸种前用1 000倍液氯化汞或甲醛溶液进行种子消毒，然后把种子洗净，再进行浸种。种子浸好后捞出控干，用浸湿后拧干至不滴水的纱布或毛巾裹起来，放入饭盒中或用塑料布包裹，在28℃～32℃的条件下催芽。一般24小时种子就可萌动，36小时种子萌发。

(三) 苗床管理

1. 出苗期　薄皮甜瓜的种子发芽、出苗的适宜温度为28℃～35℃，这一阶段的管理就是增温保温，以保证出苗快、出苗齐。

2. 控苗期　从出苗后到第1片真叶出现为控苗期，幼苗在这个阶段容易因胚轴过度伸长而徒长。此时茎节和花器官将开始分化，如发生徒长会造成幼苗细弱、花器官出现晚、生殖生长延迟。因此，在齐苗后要根据情况逐渐通风，适当降温，白天温度保持在25℃～28℃，夜间温度可降到20℃～22℃，但最低温度不能低于15℃，尽量增加光照，降低空气湿度。

3. 促控期　从第1片真叶伸出到接近移栽苗龄为促控期，这个阶段植株基本上完成了主要茎蔓和主要结实花的花芽分化，管理上以促为主，以满足器官分化对营养物质的需求，为以后的栽培打好基础，但又要防止植株发生徒长影响培育壮苗，降低植株的抗逆能力。一般管理的关键是充分供肥，适当供水，增加光照，适当降温。白天温度保持在 25℃～30℃，夜间温度保持在 20℃以上，最低温度不能低于 15℃。晴天的中午开始放风，以后随着幼苗的长大逐渐增加放风时间，注意放风口要开在向阳面，以防过度降温，造成冷害。

4. 移栽炼苗期　移栽前 4～5 天要控水，移栽前 1 天浇 1 次透水，促进植株发生次生根和根毛，以利于定植后缓苗。移栽前 3～4 天要增加放风时间，进行低温锻炼，以使其能适应移栽后的环境条件。在温室和秋后栽培时，一般不需要在炼苗期进行低温锻炼。

四、定植

(一) 定植前的准备

定植前的准备工作根据不同的栽植环境和管理措施有所不同，但一般都包括以下内容：

1. 精细整地　薄皮甜瓜喜欢昼夜温差大，不耐涝，一般要起垄种植，这样可提高田间的排水能力，增加土壤温差。起垄前要认真平地，为以后均匀灌溉打好基础。在温室中栽培时，南北向起垄较好，与东西向起垄相比行间的相互影响要弱一些，也便于进行管理。大田中采用较小拱棚栽培时，垄向可根据地形地势，因地制宜灵活掌握。起垄高度一般为 10～15cm。垄台宽度要根据采用的栽培方式而定。温室栽培，一般采用地膜覆盖，单行种植时，垄台宽度一般为 50cm 左右；双行种植时为 90cm 左右，平均行间距为 110cm 左右。采用小拱棚栽培时，一般采取单行种植，垄台宽度为 50cm 左右，行间距为 120～130cm。采用中棚栽培时，一般采取双行种植，垄台宽度为 90cm 左右，行间距与温室栽培基本相同。起垄时，分层施入基肥，在满足薄皮甜瓜的生长需要的同时，也避免土壤中肥料浓度过高对幼苗生长造成不良影响。有条件时可在冬前提前起垄。

2. 造墒和覆膜　垄做好后，移栽前几天，要充分灌水补足底墒水。待垄上土壤能进行作业时，要及时覆上地膜，以提高地温，并埋入地温表观测地温，当 5～10cm 地温连续 5 天稳定通过 15℃后就可进行移栽定植。

3. 确定定植期　5～10cm 地温稳定通过 15℃可作为进行田间定植的基本温度指标，但对于不同的栽植环境和管理措施还要依据其他指标。露地栽培时，田间定植要在当地终霜期过后进行，小拱棚和中棚栽培时要注意天气变化。有条件用草帘等覆盖物采取保温措施时，定植期可适当提前。

4. 温室消毒　进行温室栽培时，在定植前要对温室进行消毒，尤其是已种植多次的温室，可用大棚系列烟剂或其他消毒剂。

（二）定植

露地栽培或小拱棚和中拱棚栽培时，移栽定植要选在晴天无风的时候进行。先用打孔器在覆膜的垄上按栽植密度打出移苗孔，孔要比幼苗土坨大一些，深一些，打好后适当填入一些虚土，以防放苗时下部出现空隙，然后把装幼苗的营养钵去掉，把幼苗放入孔中。幼苗土坨的上面要比地面略微低一些，放好苗后在周围填上土，然后，浇掩土水，待水渗下后再取土进行覆盖，把苗眼和地膜缝隙封严。也可在打好移苗孔后，先浇移苗水，待水下渗后趁湿把幼苗放入，然后用细土把周围和苗孔封严。露地栽培时，移栽要在下午进行，以防中午阳光暴晒，导致幼苗失水，不利于缓苗。小拱棚或中棚栽培时，移栽要在上午进行，并要及时盖棚，这样，经过半天的日晒棚内温度增高，膜上凝结大量水珠，非常有利于夜间拱棚的保温，另外，棚内湿度增高还可减少植株叶片的失水，有利于缓苗。温室栽培时，可利用温室的有利条件，调整温湿度，提高移栽成活率。

进行无土栽培时，幼苗的定植苗龄要适当小一些，以防定植时伤根。

五、植株调整

植株调整是薄皮甜瓜田间管理中最重要的一项关键性技术措

施。通过整枝摘心可以调整植株的生长发育，使营养生长与生殖生长得到合理均衡发展，防止茎叶徒长，节省养分和改善通风透光，从而达到促进坐果和增大果实的作用。

（一）整枝

薄皮甜瓜整枝最常用的是双蔓整枝和四蔓整枝两种方式。采用双蔓整枝的薄皮甜瓜比较早熟，一般栽培则多采用四蔓整枝。采用双蔓整枝法时，在幼苗4～5片真叶时进行主蔓摘心，选留2根健壮子蔓，子蔓长出8～12片叶时进行子蔓摘心，选子蔓中上部发生的孙蔓留果，孙蔓上留2～3片叶摘心；为了抢早，甚至可在二叶期就用细竹签拨除生长点，以促进子蔓早发。四蔓整枝一般也在幼苗长出4～5片叶时摘心，留4根子蔓四向伸出，当子蔓具4～8片真叶时摘心，留叶少、单瓜小、成熟早。

（二）摘心打杈

大多数品种的雌花在主蔓上发生很晚，一般都是着生在子蔓和孙蔓上，所以，必须进行主蔓和孙蔓摘心。一般主蔓基部发生的子蔓上的雌花发生较晚，而中上部发生的子蔓上的雌花发生比较早。孙蔓上一般都在第1节上着生雌花，生产上均利用这种孙蔓留瓜，这种孙蔓瓜也被称为果杈。而另外一些不着生雌花或雌花出现很晚的孙蔓，由于生长过旺、争夺养分激烈，应及早摘除，这种无效孙蔓也被称为疯杈或油条。打疯杈就是为了保证果杈顺利坐果。早熟品种基部子蔓的第1节至第2节上可发生果杈，开花坐果比较早。

坐果前要摘心打杈，生产上普遍采用前紧后松的整枝方法，但后期田间封垄时，应及时摘除伸到畦边的蔓尖。

（三）疏叶疏果

基部老叶易于感病，应及早摘除，还应疏去过密蔓叶以利通风透光。北方风大，要及时用土块压叶，或用树条夹插固定。精细栽培时，还应适当疏果，一般每株留瓜3～5个，小果型品种每株可留瓜十余个。

（四）垫瓜、翻瓜

果实定个后应及时进行垫瓜、翻瓜，可以铺草满垫，也可以编圈把垫。翻瓜可使果实生长均匀整齐、色泽一致、甜度均匀。翻瓜时每次只能动 1/5，不能 180°对翻，以免底面突然受烈日暴晒而灼伤，翻瓜以在日落前 2~3 小时进行为宜。

六、中耕松土与施肥浇水

（一）中耕松土

北方旱瓜栽培要重视中耕松土。幼苗出土后，先用两脚并排夹苗，踩实根际裂缝口，也可用瓜铲将裂缝口拍实封严，以后应进行多次中耕，以起到增温保墒、促进幼苗生长的作用。中耕的深度以不伤根为原则，尽可能锄深锄宽，随着幼苗的生长逐渐由近及远、由深及浅，并结合中耕进行除草。

（二）浇水

薄皮甜瓜瓜地的土壤湿度不宜过高，尤其是在成熟期内最忌雨水，此时雨水多就会造成果实甜度明显降低。播种或定植前土壤墒情较好或浇透底水后，一般以少浇或不浇为原则。植株在苗期需水量少，应多中耕、少浇水，适当蹲苗，以促进根系深扎。在开花坐果期土壤应保持一定湿度，北方此时正值高温旱季，常常需要补充一次小水。植株在膨瓜期的需水量最多，应根据墒情适当多灌。为了确保品质，成熟前 1 周左右就应停止灌水。

在气温较低的季节，灌水应在中午进行，而在盛夏高温期则以早、晚浇水为宜。北方大多采用畦面漫灌方式，一次灌水量不宜过大，以勤灌为好。

（三）施肥

1. 需肥规律　种植薄皮甜瓜时，必须注意磷肥、钾肥的合理搭配。苗期施肥应以氮肥、磷肥为主，但氮肥施用过多会引起坐果不良和导致病害加剧。结瓜期内要增加钾肥、磷肥用量，以增进果实品质。

2. 重施基肥　基肥均在开春结合耕翻整地施入，施用量占总施肥量的 1/3～2/3；北方基肥施用量大，一般每 667m² 施有机粗肥（如堆肥、厩肥或塘泥等）2 500～3 000kg 和细肥（如人粪尿等）500～1 000kg。基肥以施用过磷酸钙效果较好，一般每 667m² 施 25～50kg。基肥施用量的多少应根据生产条件、土壤肥力而定，条件好、肥源足、沙质薄地应适当多施一些。基肥的施用方法，一般粗肥结合耕翻进行撒施，通称为面肥或泼粪，细肥均采用沟施或穴施集中施用，还有在定植时再施一次抓粪即每穴抓施一把粪肥。

3. 施追肥　薄皮甜瓜的追肥在南北地区差异较大，北方一般只在摘心后伸蔓期穴施一次油饼类细肥，每 667m² 施 50～100kg。植株生育后期，茎叶满园，难以再进行穴施时，可以进行根外追肥，用 0.4％尿素或 1％～2％过磷酸钙浸泡液喷洒叶面后均有良好效果。多次追施果肥，可以有效防止植株早衰，延长收获期，从而获得增产，甚至可采取收一次果追一次肥的方法。追肥常使用人粪尿等速效性肥料，加水 3～5 倍稀释后进行泼浇，也有在伸蔓期追施油饼类细肥的。

七、采收

（一）成熟标准

1. 皮色鲜艳，花纹清晰，果面发亮，充分显示本品种固有色泽，黄皮系列品种在这一点上比较突出。

2. 果柄附近的瓜苗茸毛脱落，果顶近脐部开始发软。

3. 产生离层的品种在瓜蒂处开始自然脱落。

4. 具有本品种特有的浓厚芳香味。

5. 用手指轻弹果面，果实发出空洞浊音。

6. 果实比重小于1，果实浮于水面。

（二）适时采收

采摘时间以清晨为好，用刀或剪刀切除时留 1～2cm 长的瓜柄。早晨采收的瓜含水量高，不耐运输，故远途运输的瓜宜于午后 1～3 时采摘。采收应该适时，未熟瓜品质差，糖度低，香气少；过熟瓜的肉质变软，甜度略有降低，甚至开裂易烂。一般在当地销售时，可以采摘熟度高一些、约九十成熟的瓜，而长途外运的瓜则以采摘八九成熟的较为适宜。

练习题

1. 薄皮甜瓜露地栽培时如何整地作畦？

2. 简述薄皮甜瓜栽培时育苗方式和育苗室的选择。

3. 露地栽培薄皮甜瓜时如何配制营养土？

4. 薄皮甜瓜露地栽培播种前如何进行种子处理？

5. 露地栽培时如何进行精细整地？

6. 露地甜瓜生产时如何进行摘心打杈？

7. 简述甜瓜栽培时的施肥标准。

8. 薄皮甜瓜的成熟标准是什么？

第四章 厚皮甜瓜栽培技术

第一节 日光温室栽培技术

加温温室由于受不良自然气候条件影响小，因此适合厚皮甜瓜的提早和延后栽培。

东北地区于1月育苗，2月定植，5～6月采收。东北地区属大陆性季风气候，早春干旱少雨，晴天多，日照充足，昼夜温差大，采用温室可栽培厚皮甜瓜早中熟品种。另外，早春病虫害轻，对厚皮甜瓜生长发育有利，因而保证了厚皮甜瓜的品质和产量，一般品种含糖量在12%以上，最高可达18%，每公顷产量一般在30 000kg以上。

一、育苗

温室厚皮甜瓜栽培的育苗在严寒的12月至翌年1月进行。此期育苗不仅要注意适宜的气温，还要特别注意地温。为创造适宜的地温，最好在苗床下部铺设电热线。此时自然光照短（8小时左右），采用人工补光可提高壮苗率。

育苗时采用直径和高均为10cm的营养钵（营养土的配制可参照黄瓜育苗土的配制）。在营养钵内装土后，将营养钵摆在育苗温床上，灌足水，将浸种催芽的（6～12小时）厚皮甜瓜种子依次播入营养钵后，上面覆1cm的细土，再用塑料薄膜封盖苗床，地温加热到28℃～30℃。出苗后撤走塑料薄膜，地温降至23℃～25℃（以防徒长），气温保持在20℃左右。

此期尽量让苗床照射日光或采用人工补光，对促进壮苗至关重要，还要注意通风。

二、定植

定植苗龄一般为35～40天，此时幼苗已长出4片叶。

定植时的地温必须稳定在15℃以上，定植后连续晴天最好。冬季和早春地温的提高较困难，可在定植行10cm深处铺设地热线。采用地膜覆盖有明显提高地温的效果，这种作用在生育前期是显著的，10cm深处的地温可提高3℃～5℃。当根系扩展开后（约定植后1个月）便可停止加温。

挖定植坑时尽量保护地膜的完整。定植后的钵面与地面持平，不要过低或过高。定植后要清洁地膜上的泥土，以便充分发挥其透光增温的作用。

定植后第1周地温控制在15℃以上，气温白天保持在27℃～30℃、夜间不能低于15℃，以利缓苗。灌缓苗水在定植1周后进行，只灌苗坑处，以后视土壤墒情重复数次，并逐渐增大灌水量。为保证定植初期有较高的地温和不破坏土壤结构，一次灌水量不要过大，并注意不要让水浸泡根茎。

三、营养生长期管理

从定植到开花为营养生长期。这个时期是为开花结果打基础的关键时期，这个时期的营养状况决定了未来的子房大小，影响果实的形成。

坐果节位，匍匐栽培时以选留在8节左右为宜；直立栽培和半直立栽培时以在12～15节为宜。如果早春遇低温，植株长势弱，那么坐果部位可适当后延2～5节。坐果节位下面的叶面积越大，果实的糖度越高。

（一）摘心、整枝和引缚

在预定坐果节位上留出3～4条结果蔓，称为结果预备蔓，其余子蔓随出现随摘除。摘除这些子蔓的工作应尽早进行，早进行不仅伤口小、易愈合，也可防止因摘除大的蔓而导致暂时的叶面积不足给果实发育造成不良影响。

整枝应选择在晴天进行，在坐果节位的结实花开放之前，结果节位以下的整枝即应结束。当结实花开放时（或开放前），在花后留 1～2 片叶摘心。

直立和半直立栽培都需要引缚主蔓，一般采用架条或吊绳。植株长到应上架的位置时开始引缚作业。

（二）温度和灌水

营养生长期厚皮甜瓜生长的适宜地温为 25℃ 左右，气温白天保持在 25℃～32℃、夜间保持在 18℃～20℃，如果地温较高而气温过低，则根系活动虽好但地上部的生育被抑制，呼吸消耗减少，表现为植株叶色浓绿紧凑，蔓的延伸缓慢，开花推迟。相反，如果地温低而气温高，则会造成茎叶徒长细弱，植株老化早，对以后的坐果及果实肥大不利。

定植前土壤水分充足且采用地膜覆盖时，一般灌过缓苗水后直至开花就不需再灌水。判断土壤水分适宜与否的直观方法是观察生育状态中的叶和茎尖，如早晨附着适度的水滴且茎尖鲜嫩则为水分适宜。此期少量多次灌水或超过需要灌水都会造成植株根系分布浅，给生育后期带来不良影响。

四、坐果期管理

温室栽培厚皮甜瓜有不坐果的现象，其原因为花芽分化不良和环境条件不适，造成受精不完全。前者需加强花芽分化期的管理，后者应在花期创造适宜的温度、光照和通风条件，并辅助以人工授粉。

（一）人工授粉

由于温室栽培的花期处于早春或初夏，加之在室内，为甜瓜传授花粉的昆虫很少，所以要靠人工授粉保证坐果。人工授粉的最佳时间是上午 8～10 时，在本株或异株上选择当天开放的健壮雄花，掰去花瓣，用雄蕊在当天开放的雌花柱头上轻轻涂抹。

（二）药物处理

植株生长调节剂在温室甜瓜上应用效果很好。如用番茄灵、KT－30 等蘸花，能够提高坐果率。方法为上午 8～10 时，选择当天开放的健壮结实花，用毛笔浸蘸 20mg/L 的药液，然后涂抹花柄，注意不要将药液蘸到子房上，不要重复涂药，以防产生裂果和畸形果。一般蘸药后 3 天子房开始膨大，坐果率可达 95％以上。

（三）蜜蜂传粉

在有条件的地方可放蜂传粉，效果事半功倍。每公顷需90 000～12 000 只蜜蜂传粉，传粉半径为 50m。

在结实花开前 1 周的傍晚或夜间将蜂箱搬入温室，巢门向南或向东放置，促进早晨蜜蜂活动。先在靠近巢门处放置白糖水做饲料（1kg 糖入 1L 水），并在糖水饲料附近放置刚摘下的雄花，以诱导蜜蜂采花蜜。

温室温度低于 15℃时，蜜蜂不活动，厚皮甜瓜花开放的温度为 19℃以上，开花与蜜蜂活动要求的温度是吻合的。

一般放蜂后 7～10 天，确认厚皮甜瓜已坐果，便可搬走蜂箱。

注意事项：

1. 放蜂前 1 周及放蜂期间，温室里不能喷药。

2. 放蜂期间如需开放通风窗，应用纱布遮挡，以防蜂群外逃。

3. 放蜂期间，作业时不要触碰蜂群。

开花坐果期温室最低温度不能低于 15℃，白天温度应保持在25℃～30℃，这样有利于授粉后花粉管的伸长，超过 30℃时要通风降温。

此期间要通过灌水控制植株的长势，促进开花坐果，切忌灌水造成徒长而影响坐果。

五、果实肥大期和成熟期的管理

果实肥大期要求温室的温度较高，白天温度保持在 27℃～30℃、夜间温度保持在 15℃～20℃。如果温度过低，则果实肥大速度变慢。

植株在果实肥大期需水量最大，必须充分灌水，以保证果实膨大。如果土壤水分不足，将会严重影响瓜的产量和品质，这也是导致后期裂果的原因之一。网纹类型厚皮甜瓜在坐果15～18天后，网纹开始出现时，要适当加大灌水量，提高温室空气湿度，可促进网纹的充分形成，并可减少后期的裂果。灌水一般在晴天的早晚进行，切忌在阴雨天灌水。

当果实停止肥大后即进入成熟期。为控制茎叶生长，促进果实内部糖分的积累转化，防止裂果，果实采收前10天左右应停止灌水。此期土壤水分过多会降低果实的糖度，影响瓜的品质。成熟期需要充足的光照和较大的昼夜温差（一般在15℃以上），白天减少通风以提高室温，夜间加大通风量降低室温，从而创造出昼夜温差大的生育环境。

磷肥不足时，叶面喷施磷肥和钾肥对提高品质有良好效果，同时有利于增强植株的抗病性。一般在果实停止膨大前，用0.3％的磷酸二氢钾溶液喷洒叶面1～2次。

果实肥大后期摘除植株基部的衰老叶片和病叶，有利于通风透光。

采收适期可根据品种特征特性判断，也可根据开花至成熟天数计算。对于宿蒂品种，采收时要留一段果柄，以延长储存期。

第二节　塑料薄膜大棚春季栽培技术

厚皮甜瓜虽是喜温作物，但阶段发育对日照长短等条件要求不严。无论春夏秋冬，只要其他条件适宜都能开花结实，进行周年生产。北方地区秋、冬、春季日照充足，阴、雨、雪较少，对发展保护地栽培十分有利。其中，以春季早熟与秋季延后栽培较多。春茬栽培的产品价值高，且能源消耗少，效益高，气候变化规律，有利于厚皮甜瓜的生长发育。

一、品种选择与育苗

（一）品种选择

选择耐低温、生长发育快、早熟、耐湿、株型紧凑、坐果容易的品种，如日本的伊丽莎白、冀蜜 2 号等。

（二）育苗

1. 播种期确定　大棚栽培的播种期受大棚定植时期棚内地温所制约。一般大棚地温稳定在 12℃ 以上时，便可定植。厚皮甜瓜育苗期大体为 1 个月左右，所以再往前推 1 个月左右的时间，即是播种期。播种育苗常在加温温室和温床内进行。北方地区一般在 3 月上中旬进行。

2. 种子处理　备播的种子经去杂、去劣、去秕，晾晒后进行种子处理。用甲基托布津或多菌灵 500～600 倍液浸种灭菌 15 分钟，将种子捞出放入清水中洗净，用 15% 磷酸钠溶液浸种 30 分钟以钝化病毒。再用 50℃～60℃ 温水浸种，搅拌至水温降至 30℃，任其浸泡 6～8 小时，捞出种子，擦净种皮上的水分，用清洁粗布将种子分层包好，放置于 30℃～32℃ 恒温下催芽（催芽方式多样，可在恒温箱，或在炉台、炕头、发酵粪堆，或在锅炉房的温水桶内等处进行）。催芽 24～30 小时，种子露出胚根后，即可播种。

3. 营养钵育苗　厚皮甜瓜根系再生能力较差，所以需采用营养钵育苗，以保护根系，免遭折断。配制营养土是为满足厚皮甜瓜幼苗生长发育对土壤矿物质营养、水分和空气的需要。营养土应疏松透气，不易破碎，保水保肥力强，富含各种养分，无病虫害。营养土是用未种过瓜类作物的大田土、园田土、河泥、炉灰，以及各种禽畜粪和人粪干等配制而成，一切粪肥都须充分腐熟。配制比例是大田土 5 份、腐熟粪肥 4 份、河泥或沙土 1 份。每立方米营养土加入尿素 0.5kg、过磷酸钙 1.5kg、硫酸钾 0.5kg，或氮、磷、钾复合肥 1.5kg。营养土在混合前先进行过筛，然后均匀混合。苗床的营养钵用喷壶喷一次透水，晾晒 4～6

小时后即可播种。每个营养钵内放 1 粒催芽种子，播种后覆土 1～1.5cm，然后盖地膜，保持床土湿润和预防鼠害发生，提高营养钵的温度。幼苗出土后立即除去地膜，以便幼苗出土。

4. 苗床管理　苗床管理以控制温度为重点，出苗前苗床要密闭不通风，此时床温以保持 30℃～35℃为宜。一旦幼芽开始出土就应适当注意放风透气，因为从幼苗出土至子叶平展，这段时间下胚轴生长最快，是幼苗最易徒长的阶段，所以要特别注意控制幼苗的徒长，其措施有三：第一，床温降低到 15℃～22℃；第二，尽量延长光照时间，保证幼苗正常发育；第三，降低床内空气和土壤湿度，空气相对湿度白天保持在 50％～60％、夜间保持在 70％～80％。当真叶出现后，幼苗不易徒长，因此床温应再次提高到 25℃～30℃。幼苗长出 2 片真叶后，应降低床温，控制浇水，进行定植前的锻炼。另外，实践证明，采用昼夜大温差育苗是培养壮苗的有效措施。当幼苗真叶出现后，白天床内气温保持在 30℃左右，夜间最低气温保持在 15℃左右，这样有利于根系的生长，又可以抑制植株和呼吸作用和地上部的生长，有利于培育壮苗。

二、整地作畦

一般做高畦栽培，畦高 20～25cm，畦宽根据高畦上栽植的行数和整枝方式不同而不同，有 1.2～2m 各种宽度（畦宽还应考虑拱架宽度）。保护地湿度大，各种保护地的高畦都应覆地膜，甚至在高畦、畦间所有地面全覆地膜。为降低空气湿度，减少病害，还可在行间再覆稻草、麦草等。在连作栽培时，为避免土壤中必要元素的缺乏及土传病菌增加，应重视土壤处理，用客土法换土，或用氯化汞等消毒剂与床土拌和均匀，用塑料薄膜严密覆盖 10 天左右。保护地支架应在每次定植前用硫黄等药剂熏蒸消毒。

三、定植

定植前一天将营养钵浇透水，以利缓苗。定植最好选择在温暖的晴天进行，晴天地温高，缓苗快，如果定植后有 1 周的晴好天气，小苗就能缓苗复壮。定植的株距依品种而异。叶片大、株幅宽的品种的株距大些（40～50cm），反之则小些（35cm）。先按设计的株行距刨坑，施基肥（二铵，每穴 5g，或发酵的饼肥 20g）浇水，待水渗下后再培土封穴。定植时应将大小一致的苗栽在一起，以利管理。

四、控温和调湿

（一）控温

厚皮甜瓜喜温暖，在较高温度下光合作用更强烈。因此，上午应延迟通风，使保护地温度迅速上升，以促进光合作用。上午植株生成的光合作用产物约占全天生成的光合作用产物的总量的 70%。下午 5～9 时，叶片内尚积存有较多的光合产物，这时较高的温度有利于物质转运，保护地内温度控制以 18℃ 为宜。晚上 9 时至次日 6 时，植株完全在黑暗中不断进行光合作用，这期间应在可能性范围内降低温度以抑制呼吸消耗。在除开花坐果期外的其他生育期，温度可以低于 15℃；在果实膨大和成熟期，温度可控制在 10℃～12℃，以增加果实的糖分积累。

厚皮甜瓜的地温要求高，提高地温成为保护地栽培的关键。地温不足，根系生长和生理功能会受抑制，致使植物生长缓慢，茎细叶小且黄，现蕾开花延迟，花小，甚至未开放就黄萎脱落。因此，在寒冷季节栽培应采取能够提高地温的措施，如多施有机肥、地面覆盖和电热加温等。在保护地内栽培畦上再覆盖小棚，这种双层覆盖对增温有促进作用。

（二）调湿

白天适宜的空气相对湿度为 60%，夜间最高相对湿度为 80%。空气相对湿度超过 90% 时，叶面蒸腾作用减弱，同化二氧化碳的量显著减小，根系吸收水分和矿物质元素的量减小，同化产物减少，而且茎叶柔嫩，容易感病，开花时散粉困难。网纹品种在网纹发生期（坐果后 15～27 天），为使网纹发生均匀、粗细一致，应暂时保持较高的空气相对湿度。中、小棚在降雨时应覆好薄膜挡雨，这是因为植株淋雨后多病。

五、浇水和追肥

（一）浇水

厚皮甜瓜在幼苗期需水不多，水分过多反而影响地温升高，不利于幼苗生长。到 2～3 叶期，植株需水量不断增加，每株小苗每昼夜要耗水 170g。保护地定植 1 周后需灌一次缓苗水。为使根系向纵深发展，此期以不缺水为前提，注意控制灌水。长出7～8 片叶以后，植株生长加快，需水渐多，灌水量要加大。坐瓜以后，植株在果实膨大期需水量最大，此期需要灌大水，此期缺水会影响瓜产量。灌水最好在早晨或傍晚进行，保护地切忌中午灌水。灌水时注意不要让水直接接触到根茎。成熟前 2 周左右，根据土壤墒情灌最后一次水。厚皮甜瓜进入成熟期不能灌水，还要防止雨水的滴入，否则会造成裂瓜并降低瓜的甜度。

（二）追肥

施足基肥，一般不用追肥。如需追肥可在瓜膨大期分别追一次豆饼水和过磷酸钙溶液。另外，考虑到保护地栽培密度大和覆地膜的特点，追肥以根外追肥比较适合。在瓜膨大期用 0.3% 磷酸二氢钾喷洒叶面，1 周 1 次，共喷 2～3 次。用 1%～2% 过磷酸钙溶液，或用 0.3% 钾盐溶液交替喷洒，效果较好。

六、整枝保瓜和人工授粉

（一）整枝

厚皮甜瓜的整枝方式依品种结果习性、栽培方式和栽培目的而定。保护地直立栽培时，为了保证产量和品质，将 9 节以下的子蔓从基部掐去，在 10～13 节留 4 个结果预备蔓；将结瓜部位以上的子蔓全部从基部掐去，或留 1 片叶掐去。大棚栽培一般在主蔓长到 1.5m 高、长出 27～30 叶片时摘心。在大棚边缘低矮处或中棚栽培时，主蔓摘心高度可降到 1.2m。

整枝应在植株生长过程中随时进行，以免浪费养分，而且伤口小也易愈合。整枝应尽量在晴天进行，这样有利于伤口愈合，减少病菌由伤口侵入的可能性。

（二）人工授粉

保护地栽培须进行人工授粉。每天上午 8～10 时，将当天开放的雄花去掉花瓣，在当天开放的雌花柱头上轻轻碰一碰即可。采用番茄灵（对氯苯氧乙酸）蘸花也可提高坐果率。上午 8～10 时选择当天开放的结实花，用 $20\mu L/L$ 的药液蘸果柄，注意不要让子房蘸上药，不要重复，以免发生裂果和畸形果。此法比人工授粉省工，坐果率达 95％。

七、选瓜和留瓜

坐果节位的不同直接影响瓜的产量和品质。一般低节位坐的瓜小，呈扁圆形，易畸形，早熟，含糖量高。高节位坐的瓜也小，呈长圆形，果肉薄，晚熟，含糖量低，一般无商品价值。只有中部节位坐的瓜个大，呈标准圆形，含糖量高。因此，坐瓜节位要尽量留在中部或接近中部，直立栽培时留在 10 节左右适当。坐瓜后 6～7 天，当瓜有乒乓球大时，在结果预备蔓中选大且圆的瓜留下，摘除小、短圆和畸形的瓜，小型果品种单株留 2 个瓜，大型果品种只留 1 个瓜，匍匐栽培或半直立栽培单株留瓜 2～3 个。

第三节　无土栽培技术

一、厚皮甜瓜无土栽培的概念

（一）概念

无土栽培，又称为营养液栽培，是指不用土壤而将厚皮甜瓜栽培在营养液或固体基质中，由营养液或固体基质为植株提供充足的水分、养分、氧气及固持作用，从而使植株能够正常生长发育，完成生命周期的栽培方式。无土栽培的方式有水培和基质培两种。前者是将厚皮甜瓜的根系漂浮在营养液中，或向根系喷营养液；后者是将厚皮甜瓜栽培在固体基质中再加灌营养液。

（二）优点和缺点

1. 优点

（1）不受土地限制　无论是在土地极为紧张昂贵的大城市郊区或戈壁沙滩不毛之地，只要有建立大棚或温室的场地和水源就都可以利用无土栽培法种植厚皮甜瓜。

（2）克服土壤连作障碍　甜瓜最忌连作，一般需要5年以上的轮作倒茬，而温室或固定大棚无法做到。无土栽培只需清洗、消毒栽培床或更换基质，就可连续种植。

（3）生育期短、周转快　无土栽培厚皮甜瓜生育期一般较土培提早7～10天，整个生育期为65～85天，如果在全封闭自控温室种植，则一年至少可收四季。

（4）旱涝保收，优质高效　保护地栽培受外界影响较小，除遇特殊灾害外，一般旱涝保收。无土栽培厚皮甜瓜，因营养调配适当，整蔓留果精细，外观品质都较好，售价高，产量和效益较土培高1倍。

（5）劳动强度不大　操作半自动化，减轻了劳动强度，每个劳动力可管理2年0.03hm^{2}的大棚。

（6）减少病虫害　在温室或纱网大棚内，消毒和防虫措施较好，与大田相比，病虫害较少。若选用抗病品种，可生产无公害甜瓜。

2. 缺点　一次性投资高。如果采用塑料大棚进行无土栽培生产，通风设备、防虫设备、排灌设施、栽培槽建设等一次性投资较大，因此普及面有限。同时，采用无土栽培时，营养液的配制和管理，温湿度的调控以及防病等都需要有一定的专业知识，要求劳动力的素质高。

二、厚皮甜瓜无土栽培技术要点

（一）季节选择

中国的厚皮甜瓜盛产于西北地区，要求高温、干旱、强光照和气温日较差大的生态条件。利用温室和塑料大棚种植，在很大程度上依赖自然气候的变化，因此季节的选择是很重要的。应选择雨量少、日照好、温差大的季节，有利于甜瓜糖分积累和控制病害发生。

（二）营养液的选择

1. 营养液选择标准　保持生理平衡，能充分满足甜瓜生长的要求，充分体现无土栽培的优越性。即：

（1）有效性高，所有营养盐都是有效的，浓度符合要求，比土壤中养分有效。

（2）全面均衡，土壤中的养分是自然状态，而营养液是按需配制。

（3）供应充分，补充准确。

微量元素通用配方：

$FeSO_4 \cdot 7H_2O$　13.9mg/L ＋ Na_2EDTA18.6mg/L；H_3BO_3 2.86mg/L。

$MgSO_4 \cdot 4H_2O$　2.13mg/L；$ZnSO_4 \cdot 7H_2O$　0.22mg/L；$CuSO_4 \cdot 5H_2O$ 0.08mg/L；$(NH_4)_2SO_4 \cdot 4H_2O$ 0.02mg/L。

一般苗期用 0.5 个剂量，始花期用 1 个剂量，果实发育后期用 1.2 个剂量，还要根据气温高低进行增减，低温时加大浓度，高温时降低浓度。

2. 营养液的配制　配方中的原料做试验时用化学试剂，生产时用农用原料或工业用品，但要以纯品计量。配制营养液可用井水或自来水，要求清洁无污染，水的硬度以不超过 10 度为宜（每度为 1L 中含有氧化钙 10mg），为了方便以及减少营养液配制过程中的沉淀，可先配制成母液 A，以钙为中心，凡不与钙沉淀的可混合在一起，如硝酸钙、硝酸钾等，浓缩 200 倍。母液 B 以磷酸为中心，凡不与磷酸根作用的可混合在一起，例如：磷酸二氢铵、硫酸镁等浓缩 200 倍。C 液，铁、微量元素等浓缩 1000 倍。用时先后将母液按需要量加入水中，混合均匀。

3. 营养液管理　一般不采用深水营养液循环流动回收法，营养液深度为 7～10cm，既保证足够的氧气，又能降低成本。氧气不足会造成根系死亡，吸收养分受阻。在 15℃～28℃时，氧的容存量应为 4～5mg/L。无土栽培营养液温度的变幅大，而厚皮甜瓜根系的适温较窄，为 18℃～25℃，因此调剂营养液温度极为重要，临界温度为 15℃～30℃，冬季不低于 15℃～20℃、夏季不高于 28℃～30℃。定期测定营养液电导率，然后进行调整补充到原来的浓度，营养液电导率值常在 2～2.2 之间。厚皮甜瓜营养液的 pH 值以 5.5～6.5 较适宜，或 pH 值 6.5±0.5 不会伤害根系，偏酸烂根，偏碱溶质沉淀。由于营养元素的沉淀和根分泌物的累积，营养液中总盐量会增加，需要在厚皮甜瓜生长中期全部更新一次营养液，保证厚皮甜瓜后期正常生长，还要注意缺素的调整。

（三）基质的选择及配制

固体基质性能较稳定，应用设备较简单，管理较容易。可利用的基质种类较多，根据基质的组成分类，可分为无机基质，如沙、石砾、珍珠岩、岩棉、蛭石和多孔陶粒等；有机基质，如泥炭、木屑、稻壳、蔗渣和椰糠等；复合基质，为了克服单一基质在通气性、保水力等方面的不足，常将几种基质混合使用，如泥炭加珍珠岩、椰糠加炉渣、木屑加菇渣等。在选择配制基质时，要注意以下五项原则：

1. 来源可靠，就地取材，价廉物美　如地处戈壁沙滩，则石砾与沙按比例混合是最丰富和廉价的基质。在北方冬季加温地区，煤渣、木屑等都很经济实惠。在南方现有各种基质中，应用最普遍的是岩棉，还有泥炭与椰糠也被公认为是最好的基质。

2. 容重较低，便于搬运、消毒　容重代表基质的疏松与紧实程度。容重在 $0.1～0.8g/cm^3$ 范围内，甜瓜生长较好。

3. 通气性能和持水性能良好　基质的通气孔隙与持水孔隙，即大、小孔隙比在 1：（1.5～4）范围内，植株都可生长良好。

4. 具惰性或稳定的化学性能　可减少营养液受干扰的机会，

保护营养液的化学平衡。

5. 不带病虫害　有机基质一定要腐熟消毒。

基质栽培可用大型栽培槽，也可用袋培，定时、定量滴灌营养液，配方可任选一种，如果在基质中混施长效固体肥，可酌情降低营养液的浓度。如果在基质中施用足够的有机肥和复合肥，可只滴清水，不滴营养液，方法简单，易于推广。

（四）选择适宜的品种

1. 利用亚种间及远生态型品种间杂交一代种　无网纹的厚皮甜瓜，如日本的王子、伊丽莎白等，抗病、抗湿性强，在小拱棚、露地就能栽培。无土栽培的厚皮甜瓜因投资大、成本高，最好选择经济价值高、有网纹、品质好、抗湿抗病或外形风味独具一格的高档品种。西北的厚皮甜瓜或新疆的哈密瓜，抗性弱，不耐湿或弱光，直接种植不易成功。常用品种有绿宝石、皇后杂交种和西域 4 号等。

2. 选择早熟或早中熟品种　在中国东部或南部种植厚皮甜瓜，春种要在雨季前收获，秋种要在气温降低前收获，宜选择有效积温为 1 900℃～2 200℃的早熟或早中熟厚皮甜瓜品种，这些品种的果实转色或糖分积累都较好。

（五）育苗技术

水培法，是指用空心营养杯装小石子播种育苗，将杯放在流动的营养液池中，7～10 天后生出 2 片真叶时就可移栽。将杯嵌放在水培槽盖板孔中，将根部浸泡在营养液中，没有缓苗的过程，生长发育很快。如果用基质培养，则可用一般育苗杯或育苗盘，出苗后浇 0.2 个剂量的营养液，幼苗长出 2 片真叶时移苗。注意培育壮苗，为抗病、优质打好基础。

（六）病害防治

无土栽培厚皮甜瓜最关键的问题是病害，病害严重时将导致植株在果实膨大期至成熟前死亡。因此一切栽培措施都要围绕防病、治病进行。在无土栽培中遇到的严重病害有三种，以蔓枯病最严重。

1. 蔓枯病　开花后，果实开始膨大即开始发病，病原菌主要浸染根茎以上的茎基部和主蔓，有时也浸染侧蔓。开始发病时，病部为水浸状，后分泌出液滴，由淡黄色转变成深红色至黑红色，严重时植株基部萎缩，终至全株凋萎死亡。栽培时要注意以下四点：

（1）保持茎基部周围干燥，水耕栽培时，中后期应升高茎基部位。基质栽培时在两侧滴水，切忌滴在根茎部位，保持根茎周围干燥是最有效的预防措施。

（2）严密覆盖栽培床，减少蒸发，不让地面积水，加强通风，将室内相对湿度控制在65％左右。

（3）严格整枝，使植株充分通风透光，人为造成的伤口要涂药剂，以防病菌侵入。

（4）每天精心检查。在蔓枯病开始发病时，用有效药剂抹茎基部周围和浸染部位2～3次，有效率达90％。

2. 白粉病和霜霉病　白粉病和霜霉病是甜瓜无土栽培中发生较普遍的两种叶部病害。栽培时，要降低湿度，同时要注意在局部开始发病时连续数次对症用药，治白粉病以胶体硫效果较好，治霜霉病以杀毒矾效果较好。

（七）栽植密度与整蔓技术

1. 密度　根据植株的生长势确定种植密度，2kg的大型瓜，0.03hm² 大棚以种600株为宜；植株紧凑果形小的品种，可增加到700株，原则是通风、透光、不荫蔽，否则病害重，坐果难。

2. 整蔓　留1条主蔓坐1果。在主蔓的第13节至第16节的子蔓上留果，进行人工辅助授粉，选留1个标准瓜，将坐瓜节位以下的侧枝全部及早摘除，坐瓜子蔓留3叶摘心，将坐果节位以上的侧蔓也全部摘除，也可留1叶摘除，增加光合面积，主蔓26～28片叶摘心。主蔓用竹竿或尼龙绳上引缚牢，果实用尼龙网托衬，以防坠落。

三、中国厚皮甜瓜无土栽培的展望

（一）大城市郊区反季节栽培，解决淡季甜瓜供应

从 12 月至翌年 6 月中旬是厚皮甜瓜缺货的时期，也是气候环境不适于厚皮甜瓜生长的时期。此时种植高抗、耐湿、耐弱光品种或者利用全自动控温室种植厚皮甜瓜，可在淡季上市，经济效益较好。

（二）缺地、少地及土地昂贵的经济特区，可解决就地供应高档次的甜瓜

由于种种原因，从西北远运到大城市的瓜，多数品质欠佳，难以满足高层次、高消费的需要。事实证明就地利用无土栽培生产厚皮甜瓜，厚皮甜瓜的品质档次较高，完全可以满足宾馆及出口的需要。

（三）旅游地区作为创汇观光农业

在旅游地区，创办旅游观光农业，利用温室或大棚无土栽培厚皮甜瓜，既增加了景点，又可增加外汇收入。

练习题

1. 简述厚皮甜瓜日光温室栽培技术要点。

2. 厚皮甜瓜日光温室栽培时如何进行育苗？

3. 简述厚皮甜瓜日光温室栽培时定植时间、定植方法及其管理。

4. 如何进行厚皮甜瓜日光温室栽培时的果实肥大期和成熟期管理？

5. 厚皮甜瓜塑料薄膜大棚春季栽培时如何进行营养钵育苗？

6. 育苗时采取什么措施控制幼苗的徒长？

7. 何为无土栽培，其优缺点是什么？

8. 简述无土栽培时基质的选择及配制。

9. 简述中国厚皮甜瓜无土栽培的展望。

第五章　薄皮甜瓜保护地栽培

一、培育优质壮苗

培育优质壮苗是大棚甜瓜栽培的一个重要环节，壮苗标准是：叶片舒展、叶色翠绿；茎粗壮，节间短，龙头明显；须根发达，无病虫，无冻害等。

（一）选用优种

大棚甜瓜栽培必须选用早熟、耐寒、抗病、优质品种。如盛开花、龙甜1号、运蜜1号和白马王子等。

（二）苗床准备

甜瓜的根系发达，具有好氧的特点，喜欢通透性好的土壤，必须配制好营养土，将园田土60%、有机肥30%、人粪尿或饼肥约占10%、硝酸磷肥或二铵0.2%混合均匀，过筛备用。

（三）浸种催芽

将精选的种子温汤浸种4小时，再用0.1%高锰酸钾消毒2～3小时，捞出种子，用清水冲洗，在30℃恒温下催芽。当80%芽长至0.5cm时，即可播种。

（四）播种

播种前1～2天把营养土浇透，升温。选择晴天上午播种，播完后立即均匀撒1cm厚的湿营养土，然后覆一层薄膜保温提温。

（五）苗床管理

1. 温度管理　从播种到出苗，白天温度保持在30℃左右、夜间温度不低于20℃。播后3天左右，子叶开始破土，应取掉地膜降温、防徒长，白天温度保持在25℃左右、夜间温度保持在13℃～15℃。定植前10天进行通风炼苗。

2. 水分管理　苗期防徒长要控温不控水，土壤水分要达到田间最大持水量的 60%～70%。浇水时间以早晨为宜。

3. 其他管理　瓜苗出齐后，应给苗床撒 0.5～1cm 厚的湿营养土，薄皮甜瓜多为子蔓和孙蔓结瓜，要及早促使子蔓生长。在 3 片真叶时对主蔓摘心，促使腋芽的萌发，形成子蔓。

（六）矮化促瓜

对幼苗进行矮化处理是培育优质壮苗的重要措施。生产上一般在幼苗 2 叶 1 心时用 $60\mu L/L$ 的乙烯利喷雾，既可起到矮化作用又能促进雌花形成。

二、整地定植

薄皮甜瓜的根较为深广，要求耕层土壤深厚、肥沃、疏松。大棚内多采用高畦定植，利于浇水。

（一）整地施肥

每 667m² 施优质土杂粪 4 000～5 000kg、过磷酸钙 100kg、碳铵 40kg、饼肥 150kg。将 2/3 基肥撒放深翻，浇足底水。定植前把地整平，按窄行 0.5m、宽行 1m，沿与大棚走向垂直的方向划好线，把剩余的 1/3 基肥撒到线上，撒幅 0.4m，然后与土搅匀，棚中间留一道与棚走向一致的水渠，然后做成高畦，畦下底宽 0.4m、顶宽 0.2m、高 0.15m。

（二）定植及管理

薄皮甜瓜的苗龄为 30 天，幼苗长出 4～5 片真叶时定植。一般 3 月下旬在大棚定植。定植时将带有土块的瓜苗按间距 0.4m 置于划好的线上，点穴，浇透定植水，然后用 1.3m 宽薄膜覆盖窄行，中间形成一条封闭的浇水沟。定植后 6 天即可缓好苗，缓苗后顺窄行轻浇一次水，以浇透高畦好。在瓜秧封垄前锄 2～3 次宽行，提地温、促发芽。

三、优质高产管理

（一）整枝

整枝的主要目的是促进薄皮甜瓜早结果，一般整枝方式有以下 3 种：

1. **单蔓整枝** 主要用于主蔓结瓜的品种，即主蔓 5～6 条时摘心，或不摘心，放任结果，在主蔓基本可坐 3～5 个瓜，以后子蔓还可陆续结果。

2. **双蔓整枝** 适用于主蔓结瓜的品种。幼苗期保留 2 片真叶，对主蔓进行摘心，定植后，选择两条比较好的子蔓，将其余子蔓抹除。将子蔓引向瓜畦的两侧，不再摘心，放任结果。以后的孙蔓也可陆续结瓜。应疏除没有坐瓜的孙蔓，并对结瓜的孙蔓保留 2～3 片叶，摘心。

3. **多蔓整枝** 适用于孙蔓结瓜的品种。一般在 4～6 片真叶时对主蔓摘心，然后选留 3～4 根健壮子蔓，均匀引向四方，将其余子蔓摘除。待子蔓长到一定长度，对其进行摘心，促进孙蔓的萌发和生长。孙蔓结果以后应对其摘心，以促进果实发育。

因为甜瓜生长快，不论采用哪种方式的整枝都要对孙蔓进行反复摘心，以利坐瓜。待果实膨大，营养生长开始变弱时，可以停止摘心。

（二）肥水管理

1. **追肥** 薄皮甜瓜连续结瓜能力很强，对肥料需求也较多，而且持续的时间长，因此需要追肥。追肥要抓住 3 个时期：

（1）**茎蔓生长期** 即抽蔓到开花坐果期。每 667m^2 施 5～10kg 硫酸铵，或 10kg 硝酸磷肥。

（2）**坐果期** 在甜瓜开花坐果以后每 667m^2 追施 20kg 硫酸钾，这次追肥要以钾肥为主。

（3）**膨瓜期** 一般是在甜瓜进入膨大期以后，每 667m^2 施用 40～50kg 磷酸二铵，以促进甜瓜果实的发育和成熟，特别是后期宜叶面喷肥。每 5 天喷 1 次 0.3%～0.4% 磷酸二氢钾，喷 2～3 次即可。

2. **浇水** 一般要抓好 4 个时期：

（1）**定植水** 一般要浇穴，水量不宜过大，否则会降低地温，而且易烂根。

（2）缓苗水　定植后5～6天缓过苗，在窄行轻浇1次水，以促进根系生长，利于缓苗。

（3）催蔓水　在追肥的第1时期，随追肥一起进行。

（4）膨瓜水　在果实生长旺盛期，植株需要大量的肥水，以满足果实发育的需要。此时应增加浇水次数，加大浇水量。

在果实进入成熟阶段后，主要进行内部养分的转化，对水肥要求不严，此时应控制浇水，否则会降低果实的品质并推迟成熟期。

（三）温度和湿度管理

1. 温度　甜瓜生长发育的各个时期所要求的温度不同，其开花期最适温度为25℃，果实成熟期的适宜温度为30℃。因此，保护地薄皮甜瓜早春栽培，一切必须围绕增温保温，以便达到薄皮甜瓜生长发育的适宜温度。定植后遇到突然降温时，必须提高温度，防止冻苗。在开花期，外界气温升高，以后大棚的管理应以通风降温管理为主，防止高温烧苗，瓜秧早衰。

2. 湿度　甜瓜的地下部分要求有足够的土壤湿度。苗期到坐瓜期应保持最大持水量的70%，结瓜前期和中期应保持最大持水量的80%～85%，成熟期则应保持最大持水量的55%～65%。薄皮甜瓜地上部分要求较低的空气湿度，相对湿度以50%～60%为宜，如果相对湿度长期高于70%，则植株易受病害。因此，在栽培上要求采用地膜覆盖，膜下暗浇。

（四）采摘

薄皮甜瓜成熟后要适时采收，采收不宜过早或过晚，采收最适时间一般以早晨为宜，此时瓜含水量多且重；而午后采的瓜轻，含水量少，影响经济效益。

练习题

1. 壮苗的标准是什么？如何培养优质壮苗？

2. 如何进行整地施肥？

3. 甜瓜栽培时有哪几种整枝方式？
4. 栽培甜瓜时如何进行合理的肥水管理？
5. 栽培时如何进行温湿度管理？

扫码解锁
○AI实践导师 ○在线阅读
○技术指导 ○政策解读

第六章　甜瓜小拱棚栽培

第一节　厚皮甜瓜小拱棚栽培

小拱棚与大棚相比，具有投资少、设置方便、经济效益高的特点，因此在生产中应用较为广泛。但小拱棚的保温性能不如大棚，为了提高防御自然灾害的能力，小拱棚的设置、覆盖材料、所栽的秧苗质量、定植时间和相应的栽培措施都必须按照标准进行。

一、栽培设施

小拱棚的设置要选择在地势高或排水良好的地块，小拱棚的排列以南北走向为宜。棚底宽 2～2.5m、棚高 80cm 以上，棚长和畦的长度一致，最长不得超过 30m，拱棚上用薄膜覆盖，瓜垄要用宽幅地膜覆盖。小拱棚的设置是与整地作畦、三沟配套和施足基肥一次性完成的。首先要深翻土地 30～40cm，结合整地每 667m² 施腐熟的有机肥 3 000～5 000kg、过磷酸钙 80kg、草木灰 100kg（或硫酸钾 15kg），瓜垄覆盖薄膜前每 667m² 再施尿素 30kg。栽培时采取深沟高畦的方式，排灌结合，三沟配套，并且要提早 7 天架棚、铺膜，以提高地温。

二、种植季节

小拱棚的保温性能略逊于普通大棚，因此播种与定植时间不能盲目抢早。适宜播种期是 3 月 10 日左右，4 月 10 日左右定植，播种与育苗的关键技术同大棚栽培。

三、定植密度

小拱棚栽培甜瓜不用搭架，种植密度与整枝方式有关。瓜垄上可单行种植，也可双行梅花形种植。若单蔓整枝，单行种植的

株距为 20cm，双行梅花形种植的株距为 40cm，每 667m² 种
1 000～1 200 株；若双蔓整枝，可以在瓜垄中央开一行定植穴，
株距为 30cm，摘心后左右两侧各留一蔓，每 1 000m² 栽 800 株。
为节约用种，采取三蔓整枝的株距为 60～70cm。

四、棚温管理

瓜苗从定植至成活阶段的温度管理应以保温为主，一般不揭
膜，将棚温控制在 30℃左右。定植 7 天后瓜苗开始生长，这时棚
温要适当降低，白天温度控制在 25℃～28℃、夜间温度不低于
12℃，可利用通风时间的长短来控制棚内的温度。随着外界气温
的逐渐升高，栽培时应揭开小拱棚的南北两头，然后再揭开东西
两侧的棚膜。

五、整枝

整枝方法主要有单蔓整枝、双蔓整枝两种，这两种整枝方法
与大棚栽培相同，留瓜节位要低一些。小拱棚栽培甜瓜还可采取
三蔓整枝的方法，在瓜苗长出 5～6 片真叶时摘心，留 3 根侧蔓，
摘除多余的侧蔓，并抹除腋芽，不打杈，每根侧蔓的基部均可结
果，这种整枝方法省工省时，但不如采取双蔓整枝的产量高，栽
培时应与合理密度、增施肥料相配套。

六、采收

采收与大棚栽培相同，需要注意的是小拱棚的保温性能不如
大棚，从果实开花到成熟的天数要延长 2～3 天，所以不能盲目
抢早。

第二节　薄皮甜瓜小拱棚栽培

一、品种选择和培育壮苗

（一）品种选择

小拱棚栽培应选用生长期在 100 天以内、开花早、易坐瓜、
成熟早、效益高的品种。

（二）选地

种植甜瓜应选地势较高、土质疏松、肥力中等、4 年以上未种过瓜类作物的地块。茬口以夏茬为好，秋季深翻，灌足冬水。

（三）种子处理

播种前用 0.2％高锰酸钾溶液浸种 1～2 小时；或用种子重量0.3％的敌克松拌种。然后用清水漂洗种子 2～3 次，或用温汤浸种 4～5 小时（水温保持在 50℃～60℃）。

（四）育苗

1. 苗床准备　在日光温室内铺设育苗床，育苗床长 5～6m、宽 1m（按温室规模确定），采用营养钵育苗，营养土用 70％的大田土和 30％的腐熟有机肥，充分掺匀、过筛，装实，紧密排列。

2. 播种　一般于 3 月初播种，先催芽，种子胚芽伸出 0.5～1cm 时即可播种，每个营养钵种 1～2 粒，播后覆土 1～1.5cm。

（五）培育壮苗

小拱棚栽培时，在温床或大棚内进行育苗。其播种期比大棚要晚些，育苗期 30 天左右。双蔓整枝，幼苗长出 2～3 片真叶时在苗床内摘心，以后带侧芽定植。多蔓整枝的主蔓摘心在小棚内进行。营养土的配制、种子处理、播种、苗床管理等技术与大棚栽培相似。

二、整地作畦和定植扣棚

定植田选择通透性能好、昼夜温差较大、地温回升快、易于发苗的沙质壤土。每 667m² 撒施优质厩肥 3 000kg，耕翻耙平，按 1.5m 行距划印、开沟，每 667m² 条施禽畜肥 1 500kg、硫酸钾复合肥 30kg，将肥料与田土混匀，做成宽 80cm、高 20cm 的龟背形高畦，铺上地膜，每 667m² 用膜 4～5kg。上述工作在移栽前 3～5 天内进行完毕，以提高地温，利于定植缓苗。栽苗时，用制钵器在地膜上按株距打孔，将幼苗栽入孔内。双蔓整枝株距33cm，多蔓整枝株距 45cm。随移栽随插架扣棚，小棚高 0.4～0.5m、棚宽 0.8～1m。

三、起垄定植和苗期管理

(一) 起垄定植

种植方式采用垄沟覆膜栽培方式。按地块形状和大小每 2m 划中心开沟线，先在中心线的两侧开施肥沟，集中深施底肥，每 667m² 施优质有机肥 5 000kg 以上、磷酸二铵 20kg、尿素 20kg、硫酸钾 10kg。然后沿中心线开沟起垄，垄宽 1.60m，沟宽 0.4m，沟底宽 0.25m，沟深 0.3m。开沟起垄后及时浇灌安种水，4～5 天墒情适宜后及时给拱棚覆膜，然后播种。小拱棚栽培一般采用先覆膜后播种的方法，覆膜前可用敌乐安 1 000 倍液在沟两边喷洒，喷药时应注意浓度和喷洒位置，浓度不宜过大，不能喷在种植垄面上，否则会影响发芽出苗。喷药后人工整好垄面，用幅宽 70cm 或 140cm 的地膜，覆盖沟的两边及播种垄面，将膜拉紧压实，紧贴地面。

定植时间依品种生育期和预定上市时间而定，一般 4 月 10 日至 15 日定植可提前上市，定植时在距垄面边缘 10cm 处，对三角开穴点播，株距 40～45cm。每 667m² 保苗以 1 400～1 600 株为宜。播种深度不能超过 3cm，每穴播 2～3 粒种子，覆盖少量沙土。整块地定植完后可用竹条或柳条间隔 1～2m 交叉扦插，用 90cm 的塑料膜扣棚即可。

(二) 苗期管理

定植后为了提高温度，20～30 天内闭棚增温。此后要及时查苗补苗，缺苗处要及时催芽补种。幼苗期要及时预防晚霜冻，防治幼苗受冻，定期观察拱棚内的温度变化；当拱棚内温度达 35℃ 以上时要及时放风。幼苗长出 2～3 片真叶时，及时间苗、定苗，每穴留单株。5 月 20 日左右撤棚。

四、拱棚管理

覆盖期间的管理，最主要的是适时通风换气，严格控制棚内温度。通风应根据天气情况灵活掌握。无风的晴天要早通风，通风量要大，关闭时间晚一些。阴雨、低温天气应晚通风，通风量要小，早点关闭。寒流到来或刮大风时可不通风。在天气正常情况下，每天通风与闭塑料薄膜的时间，通常在上午 9～10 时开始，下午 16～17 时以前结束。当棚温超过 32℃ 时，就应开始逐步通风，切忌一开始骤然放大通风量，以防冷空气大量进入棚内伤害幼苗。当棚温降至 20℃～22℃ 时，就应关闭塑料棚保温，使夜间棚内仍有较高的温度。甜瓜在各发育阶段需要保持的温度参照大棚进行。

甜瓜小拱棚覆盖栽培，大部分是在植株进入开花期或幼果期以后就撤掉薄膜，这实际为小棚半覆盖栽培。更好的做法是在定植后的整个生育期内进行覆盖，即使到后期也不撤棚，而只是拉起两侧薄膜放风，棚顶始终保持盖膜，这可起到防雨防病，促进果实生长发育的作用。

五、整枝

（一）双蔓整枝

双蔓整枝是小拱棚栽培甜瓜最常用的一种整枝方式。当幼苗长出 2～3 片真叶时就在苗床内摘心，定植后即长出 3～4 条子蔓，从中选择两条长势好、部位适宜的子蔓，将其余子蔓疏掉。这两条子蔓长到 20～30cm 时，摘除 1～5 节上的孙蔓。随着子蔓延伸，把 6～8 节上的孙蔓留做结果预备蔓，并留下 1～2 片叶摘心，还要把无结实花的孙蔓摘除。两条子蔓分别在高畦两侧反方向延伸生长，到 20～25 片叶时打顶。每株留瓜 2～3 个。

（二）多蔓整枝

幼苗长到 5 片叶时对主蔓摘心，选留适宜的子蔓 3～4 条，在子蔓 5～6 节处长出的孙蔓坐瓜，坐瓜孙蔓留 2～3 片叶摘心。子蔓长出 15～18 片叶时摘心。每株留瓜 3～4 个。

六、肥水管理

定植后至撤棚前瓜苗需要肥水较少，应控制灌水施肥。到伸蔓期，植株生长量增大，需肥量和需水量也相应增大，应适当追肥，一般结合灌水每 667m² 追施尿素 10kg。膨瓜期是需肥水的高峰期，随灌水每 667m² 追施尿素 15kg。全生育期灌水 5～6 次，采收前 10～15 天应停止灌水，否则会影响果实的品质和风味。

七、收获

根据不同品种的成熟特性和市场销售情况，按成熟指标决定采收期。采收时将果柄带"T"形蔓剪下，保持果实新鲜美观。

练习题

1. 简述厚皮甜瓜小拱棚栽培技术要点。

2. 薄皮甜瓜小拱棚栽培时如何进行品种选择和培育壮苗？

3. 薄皮甜瓜小拱棚栽培时如何起垄定植？

4. 薄皮甜瓜小拱棚栽培时如何进行拱棚管理？

5. 生产中薄皮甜瓜小拱棚栽培时适合采取哪种整枝方式？

扫码解锁
◇AI实践导师 ◇在线阅读
◇技术指导 ◇政策解读

第三篇　甜瓜和西瓜的病虫害防治

第一节　病害防治

一、生理病害

（一）沤根病

又名烂根病、锈根病，是甜瓜苗期经常发生的生理病害之一。尤其是在育苗期和定植期，由于苗床管理不善，或缓苗期浇水过大又遇上低温多雨天气，很易发生沤根病。

1. 发病症状　发病初期根部呈黄锈色，以后逐渐变黏腐烂，次生根发生很少，根生长很慢。病情较重时，地上部萎蔫，很容易就可以拔起植株。

2. 发病条件　发病的主要原因是地温较低、土壤湿度过大，严重抑制了根系的呼吸作用，影响了根系的正常生命活动，根系的生长发育受阻，失去了再生能力和吸收功能，造成植株地上部萎蔫。

3. 防治方法　以预防为主，主要是严格浇水管理，防止苗床或土壤湿度过大，尽量增施有机肥料，提高土壤的水分调节能力。在发生沤根病后要及时松土散墒，降低土壤湿度，提高土壤温度，待新根长出后再进行正常的管理。在发病较重时根据实际情况，把重病植株及时清除，再进行补种或补栽。

（二）缺磷

1. 发病症状　苗期，叶色浓绿、小且硬，植株矮小；中后期，叶片变小、稍向上挺，严重时下部叶片发生不规则的退绿斑。

2. 诊断要点 注意症状出现的时间，在出苗期，由于地温低等原因，可造成植株吸磷困难，表现出暂时的缺磷症状。如果温度提高后，幼苗仍表现叶片浓绿、小且挺，植株矮小，一般就可诊断为缺磷。

3. 防治方法 植株进入生长发育中后期，甚至在团棵至伸蔓期发生缺磷时，要完全解决比较困难。一定要在育苗和定植前进行整地和配制营养土时，按植株需要施入充足的磷肥。在苗期一旦发现植株有缺磷症状，要立即采取补磷措施，比较可靠的办法是土壤补磷和叶面喷施同时进行。叶面喷施可使用磷酸二氢钾等速效肥料，土壤补施可用磷酸二铵等。

（三）缺钾

1. 发病症状 在植株生长早期，叶缘出现轻微的黄化，然后向叶脉发展，顺序非常明显；在中后期叶缘枯死，随着叶片的不断生长，叶向外侧卷曲。发病症状先从基部叶片开始出现，逐渐向上发展。

2. 诊断要点 黄色由叶缘向叶脉发展，由基部叶片向中上部叶片发展。严重时基部叶片的叶缘首先干枯。除非极度缺钾，否则一般在幼苗期不表现明显的缺钾症状。

3. 防治方法 在发现植株有缺钾症状时，要及时采取施肥措施，叶面喷施和土壤施肥要同时进行，叶面喷施可用宝力丰、磷酸二钾等，土壤追施可用硫酸钾肥开沟施入。甜瓜植株的需钾高峰在膨瓜期，追施钾肥一定要在膨瓜前的有效期内及时进行。

（四）缺锌

1. 发病症状 从中部叶片开始发生叶片退绿黄化，叶脉清晰可见；随着叶脉间褪色黄化，叶缘随着黄化逐渐变为褐色枯死；叶缘枯死，叶片向外侧微卷曲；生长点附近的节间缩短，但生长点附近的新叶不褪色黄化。

2. 诊断要点 从色泽上缺锌黄化同缺钾相类似，但缺锌褪色是全部褪色黄化，逐渐向叶缘发展。缺锌严重时生长点附近的节间缩短。中部叶片症状最明显。

3. 防治方法　过度施用磷肥容易造成植株吸锌障碍。因此，要注意平衡施用磷肥。为防止土壤缺锌，在定植前整地时，每公顷施入硫酸锌 15 000g。在田间发现有缺锌症状时可用 0.1%～0.2% 的硫酸锌溶液进行叶面喷施 1～3 次。

（五）缺硼

1. 发病症状　生长点附近的节间明显缩短；上部叶片向外侧卷曲，部分叶缘变为褐色；上部叶片的叶脉有萎缩现象；果实表皮出现木质化。

2. 诊断要点　由于生长点附近的节间明显缩短，植株表现为自封顶现象。上部叶片症状明显，部分叶缘呈褐色。叶脉有萎缩现象。

3. 防治方法　不要施用过量的石灰性肥料。在发现有缺硼症状时可用 0.12%～0.25% 的硼砂或硼酸水溶液进行叶面喷施 1～3 次，并及时灌水防止土壤干旱。

（六）缺钙

1. 发病症状　上部叶片变小，向内或向外侧卷曲；叶脉间有褪色黄化，植株出现矮化现象；遇长时间连续低温、日照不足、急剧晴天高温时，生长点附近的叶片边缘卷曲枯死。

2. 诊断要点　生长点附近的叶片中脉间褪色黄化。在雨后急剧升温时生长点附近的叶片叶缘卷曲枯死。植株细弱徒长，雌花不充实。

3. 防治方法　可分层施入石灰肥料。在发现植株有缺钙症状时可用 0.3% 的氯化钙水溶液进行叶面喷施，并及时浇水防止土壤干旱。

二、感染病害

（一）猝倒病

猝倒病是瓜类苗期的主要病害，在气温低、土壤湿度大时发病严重，各地瓜区都有发生。

1. 发病症状　发病初期，幼苗在近地面处呈黄色水渍状病斑，以后病部变成黄褐色、干枯、缢缩，幼苗倒伏，一拔就断。病害发展很快，子叶尚未凋萎，幼苗即突然猝倒死亡。湿度大时，病株附近长出白色棉絮状菌丝。该菌浸染果实引致绵腐病，初现水渍状斑点，后迅速扩大呈黄褐色水渍状扩大病斑，与健部分界明显，最后整个果实腐烂，在病果外面长出一层白色茂密的棉絮状菌丝。

2. 发病条件　病菌生长适宜地温为 15℃～16℃，温度高于 30℃时病菌生长受到抑制，适宜发病地温为 10℃，低温对寄主生长不利，而病菌能活动，故易发病，尤其是育苗期出现低温，连日阴雨并有寒流，发病非常普遍，猝倒病主要在幼苗长出 1～2 片真叶时发生。

3. 防治方法

（1）农业防治　严格选择营养土，选用无病新土、塘土或稻田土，不用带菌的旧苗床土、菜田土或庭院土。药土盖种，用 50％多菌灵可湿性粉剂 500g 加细土 100kg，或用 40％五氯硝基苯可湿性粉剂 300～500g 加细土 100kg 制成药土，播种后覆盖 1cm 厚。加强苗床管理，采用快速育苗，避免低温、高湿的环境条件出现。

（2）药剂防治　出苗后发病时可喷 64％杀毒矾 M8 可湿性粉剂 500 倍液，或喷 25％瑞毒霉可湿性粉剂 600～800 倍液，或喷 40％五氯硝基苯可湿性粉剂的悬浮液 800 倍液，也可喷 50％多菌灵可湿性粉剂 500 倍液。

（二）立枯病

立枯病是幼苗期主要病害之一，立枯病在春季及温室育苗期常与猝倒病相伴发生。

1. 发病症状　播种后到出苗前受病菌侵害，可引起烂种和烂芽；幼苗出土后，染病则在根部茎基部出现黄褐色长条形或椭圆形的病斑，病斑凹陷逐渐环绕幼茎，缢缩成蜂腰状，病苗很快萎蔫、枯死，但病株不易倒伏呈立枯状。有时在病部及茎基周围土面可见白色丝状物。

2. 发病条件 立枯病的发生与气候条件、耕作栽培技术、土壤、种子质量等密切相关。瓜种播入土壤后，若遇低温多雨，特别是遇寒流，常诱发烂根。瓜种籽粒饱满，则生命力强，播种后出苗迅速，整齐、苗壮，不易遭受病菌浸染，因而发病轻；反之，则发病重。多年连作的瓜田，或再施入未腐熟的厩肥，土壤中病菌积累多，瓜苗发病率高，病害重。播种期过早或过深（6cm 以上），均使出苗延迟，病菌易于浸染，引起发病。如果地势低洼，排水不良，土壤黏重，通气性差，则瓜长势弱，发病严重。覆盖地膜者，湿度过大时可加重立枯病。

3. 防治措施

（1）农业防治 严格选用无病菌新土和营养土育苗；苗床土壤处理可用 40％五氯硝基苯和 50％福美双混用，比例为 1∶1，或用 40％拌种双，每平方米用药 8g，与细土混匀施入苗床。实行轮作，与禾本科作物轮作可减轻发病。秋耕冬灌，瓜田秋季深翻 25～30cm，将表土病菌和病残体翻入土壤深层腐烂分解。土地平整，适期播种，一般以 5cm 地温稳定在 12℃～15℃时开始播种为宜。加强田间管理，出苗后及时间苗，剔除病苗。雨后应中耕破除板结，以提高地温，使土质疏松通气，增强瓜苗抗病力。

（2）药剂防治 发病初期可喷洒 64％杀毒矾 M8 可湿性粉剂 500 倍液，或 25％瑞毒霉可湿性粉剂 600～800 倍液，或 40％五氯硝基苯可湿性粉剂 800 倍液，或 58％甲霜灵锰锌可湿性粉剂 500 倍液，或 20％甲基立枯磷乳油 1 200 倍液，或 72.2％普力克水剂 800 倍液，每隔 7～10 天喷 1 次。

（三）枯萎病

瓜类枯萎病又名萎蔫病或蔓割病，是一种世界性瓜类土传病害。枯萎病在中国各地均有发生，以西瓜发病最重，甜瓜次之。现在，中国南北瓜区都有发生，枯萎病是瓜类生产上的重要问题。

1. 发病症状　本病于苗期、伸蔓期至结果期均可发生，以开花坐果期和果实膨大期为发病高峰，果实开始成熟时病害趋于稳定，其典型症状是萎蔫。

（1）幼苗发病，子叶萎蔫或全株枯萎，呈猝倒状。

（2）开花结果后发病，病株叶片自下而上逐渐萎蔫，似缺水状，中午更为明显，早晚尚能恢复，数日后整株叶片呈褐色枯萎下垂，不能再恢复正常，叶片干枯，全株死亡。

（3）患病根部呈褐色，腐烂，稍缢缩，茎基部纵裂，裂口处有时溢出琥珀色胶状物，如将病茎纵剖，可见维管束呈黄褐色。

（4）在潮湿环境下，病部表面常产生白色和粉红色霉状物，即病菌的分生孢子。发病初期如果症状不明显，可将患病组织用自来水冲洗干净，放入塑料袋内保湿，第2天患病部表面就长出白色丝状物和粉红色霉状物。

2. 发病条件　重茬可造成病菌的大量积累，对瓜类生长不利；土质黏重、地势低洼、排水不良、耕作粗放、地不平整，均对瓜根系生长发育不利，发病都较重。施用未腐熟的带菌肥料，或偏施氮肥，或追施化肥伤根的发病重。灌水次数过多，水量过大，雨后瓜田积水不能及时排除均有利于病害发生。整枝过度，造成伤口多，瓜秧易病早衰。如遇天气时雨时晴，或久旱后下雨，或灌水量过大、灌水次数过多，或田间有积水，或在高温、高湿环境条件下，瓜根系透气性差，此时西瓜生育期正处于结果盛期，枯萎病极易发生，严重者可使全田植株死亡。

3. 防治措施

（1）农业防治　与非葫芦作物进行5年以上的轮作，也可实行水旱田轮作。应尽量选择中性或微碱性的沙壤土，经过多次翻晒的歇地或粮食作物地种植瓜类作物。播种前采用温汤浸种法，在55℃～60℃温水中浸种20分钟。药液浸种，用40%甲醛150倍液浸种30分钟，或用50%多菌灵可湿性粉剂500倍液浸种1

小时，或用 80％抗菌剂四〇二 2 000 倍液浸种 2 小时，然后将种子用清水冲洗干净，催芽待播。药剂拌种，以干种子重量 0.2％～0.3％的拌种双或多菌灵拌种；或用 100g 增产菌拌种 1 000g 种子。冬前深翻晒垡，重茬田采取移沟法交换阴阳土。酸性土壤可施用消石灰或喷洒石灰水。有枯萎病史的田块，播前用五氯硝基苯、多菌灵等喷洒于沟内或将药土施入播种穴，进行土壤消毒。

（2）药剂防治 发病前期或发病初期，用 25％苯来特可湿性粉剂，或 70％的甲基托布津可湿性粉剂 1 000～1 500 倍液，或 40％瓜枯宁 1 000 倍液，或 60％百菌通可湿性粉剂 400～500 倍液，或农用抗生素一二〇 200 倍液等药液进行灌根或喷洒，与 0.2％磷酸二氢钾混用效果更佳，每隔 7～10 天施用 1 次。也可用敌克松与面粉按 1∶20 配成糊状，涂于病株茎基部，也有防病作用。

（四）疫病

瓜类疫霉病，简称疫病，俗称"死秧病"，发病后病株很快萎蔫死亡，因而得名。疫病是瓜类的重要病害，对甜瓜的生产威胁很大，在各甜瓜产区，一般年份患病甜瓜死亡率为 5％～10％，部分地区达 50％以上。

1. 发病症状 疫病病菌以侵害瓜根茎部为主，还可浸染叶、蔓和果实。根茎部发病初期产生暗绿色水渍状病斑，病斑迅速发展环绕茎基呈软腐状，有时长达 10cm 左右，全株萎蔫枯死，叶片呈青枯状，维管束不变色。有时在主根中下部发病，产生类似症状，病部软腐，地上部青枯。叶片染病时，病部着生暗绿色水渍状斑点，扩展为近圆形或不规则大型黄褐色病斑。天气潮湿时全叶腐烂；干燥时病斑极易破裂。严重时，叶柄、瓜蔓也可受害。果实染病时产生暗绿色近圆形水渍状病斑，潮湿时病斑凹陷、腐烂、长出一层稀疏的白色霉状物，即病菌的孢子囊和孢囊梗。

2. 发病条件 病菌发育的温度为 5℃～37℃，最适温度为

28℃～30℃。旬平均气温在 23℃时田间瓜蔓开始发病，高湿（相对湿度 85％以上）是病害流行的决定因素。北方地区 7～8 月间有雷阵雨，雨后疫病大流行。

3. 防治措施

（1）农业防治　选择 5 年以上未种过甜瓜、西瓜、黄瓜的地块，以沙壤土新荒地为好。做到秋季深翻，减少越冬菌源。选用耐病品种，种子进行消毒。采用高畦栽培，土地整平，开灌排水沟，水沟适当加深，沟宜短不宜长，一般沙土地沟长 30m，土质黏重者不超过 20m。覆盖地膜种植，以促进瓜的早期生长发育。施充分腐熟有机肥做基肥；合理追施化肥，避免伤根，增施叶面肥，喷施磷钾肥和微肥，在浇水瓜沟内撒施化肥。

（2）药剂防治　根据预报，在病害即将发生时，可施用化学药剂灌根或喷雾。用 58％甲霜灵锰锌可湿性粉剂 500 倍液，或 64％杀毒矾 M8 可湿性粉剂 400～500 倍液，或 75％百菌清可湿性粉剂 600 倍液，或 60％百菌通可湿性粉剂 400～500 倍液，或 40％三乙磷酸铝可湿性粉剂 200～300 倍液，或 25％甲霜灵可湿性粉剂 500～700 倍液，或 70％乙磷锰锌可湿性粉剂 350 倍液。每株灌药 0.25kg，每隔 7～10 天施用 1 次，一旦发现中心病株，则每 5 天喷药 1 次或用药液灌根，连续防治 3～4 次，药剂应交替使用，以防植株产生抗药性。

（五）蔓枯病

蔓枯病是西瓜和甜瓜的常见病害，因引起蔓枯而得名。个别瓜田发病严重，可造成成片瓜秧死亡。

1. 症状　在瓜的整个生育期，地上各部位均可受害。以叶片、瓜蔓受害最为严重，但主要侵害茎基部。幼苗子叶受害，先出现水渍状小点，后扩展成青灰色大圆斑，如从叶缘侵入，则扩展为大弧形斑，不久便可扩展到整个子叶，引起叶枯；幼苗茎部受害，初现水渍状小斑，后迅速向上向下扩展，不久全株软腐死亡；叶片受害后，最初为浅褐色水渍状小点，后逐渐扩大成直径为 1～2cm 的圆形、近圆形或不规则形的黑褐色大斑。

2. **发病条件**　降雨量和降雨次数是此病害发生的主导因素。气温在 30℃以上、雨量在 100mm 左右的梅雨季节是发病的高峰期。北方地区植株长势旺、密度过大、灌水量过多、排水不良、湿度大的瓜田，随着连作年限增加，病害会逐年加重，偏施或重施氮肥可加重病害。

3. **防治措施**

（1）**农业防治**　清洁田园并深翻，及时清除病残体，集中销毁并深埋；瓜地进行深秋耕、冬灌，以减少田间越冬菌源。实行 3 年以上的轮作，选择地势平坦，灌溉配套田种瓜。种子处理，用 55℃～60℃温水浸种 15 分钟，或用 0.3%福美双可湿性粉拌种。加强肥水管理，施足底肥，多施磷肥、钾肥，提高瓜株的抗病力，植株发病后要适当控制浇水。种植过密的瓜田发病严重时，应打掉一部分多余的叶和蔓，以利于田间通风透光，降低温度。

（2）**药剂防治**　发现中心病株立即喷药，或涂茎。药剂可选用 40%拌种双可湿性粉剂 500 倍液，或 50%扑海因可湿性粉剂 1 000 倍液，或 60%防霉宝可湿性粉剂 500 倍液，或 70%DTM 可湿性粉剂 500 倍液，或 75%百菌清可湿性粉剂 600 倍液，或 70%代森锰锌可湿性粉剂 500～600 倍液，或 64%杀毒矾可湿性粉剂 400～500 倍液，或 50%混杀硫悬浮剂 500～600 倍液，或 35%甲基硫菌灵悬浮剂 400～500 倍液。保护地防治，可用 45%百菌清烟剂或 20%防霉灵烟剂，也可用 50%抑蔓枯粉尘。在发病初期，全田用药，每隔 7～10 天施用 1 次。不同药剂最好交替使用。

（六）**炭疽病**

炭疽病是瓜类作物的重要病害之一，随着保护地栽培面积的扩大，在北方的温室和塑料大棚内，瓜类炭疽病发病率有上升的趋势。

1. **发病症状**　瓜类炭疽病在瓜类作物整个生长期均可发生，

但以植株生长中后期发生为主，造成茎和叶枯死，果实开裂腐烂。幼苗发病时，子叶边缘出现褐色半圆形或圆形病斑；茎基部受害，病部缢缩，变色，幼苗猝倒。成株期叶片、茎蔓和瓜果都可受害。叶部病斑，初为水渍状圆形淡黄色小斑，后变褐色，边缘紫褐色，中间淡褐色，有同心轮纹和小黑点。病斑扩大后互相融合，易引起穿孔，叶片早枯。茎蔓和叶柄受害，病斑长圆形，微凹陷，先呈黄褐色水渍状，而后变黑色，病斑若发展至绕茎蔓或叶柄一周，即引起全茎蔓或全叶枯死。果实受害，先显暗绿色水渍状小斑点，然后迅速扩大为圆形或椭圆形、凹陷的暗褐色至黑褐色溃疡斑，凹陷处常龟裂，上生许多黑色小粒点，即分生孢子盘。潮湿环境下在溃疡斑上产生粉红色黏状物，即病菌的分生孢子堆。严重时病斑连片，西瓜腐烂。

2. 发病条件　湿度是诱发本病的主要因素。病害的潜育期一般为 3～6 天，常随湿度的增加而缩短，相对湿度为 87%～95% 时潜育期为 3 天；湿度越小，潜育期越长，湿度降至 54% 以下，病害就不能发生。发病温度为 10℃～30℃，以 24℃ 为最适宜。在低温高湿（多雨）的环境下发病最盛，温度高于 28℃ 时，发病很轻。过多地施用氮肥，通风不好，植株衰弱或连作地，发病均较重。灌水多，降雨多，田间排水不良者发病重。

3. 防治措施

(1) 农业防治　选育抗病品种，采用无病种子。种子消毒，用 55℃～60℃ 温水浸种 15 分钟；用 0.1% 升汞浸种 10 分钟；40% 甲醛 100 倍液浸种 30 分钟，将种子用清水洗净后催芽，播种。前茬可选麦类、玉米、油菜田等，与这些作物轮作 3 年以上者发病少。选择排水良好的沙壤土，施足基肥，增施磷肥和钾肥，以提高植株抗病性。根据苗情、天气情况适时适量灌水，雨后及时排除田间积水。收获后把病残体清出田外，烧毁或深埋。

(2) 发病初期及时喷药　可用 60% 百菌通可湿性粉剂 400～500 倍液，或 50% 甲基托布津可湿性粉剂 500～700 倍液，或

65％代森锰锌可湿性粉剂 500 倍液，或 80％炭疽福美可湿性粉剂 800 倍液，或 2％抗生素（农抗 120）200 倍液，或 50％扑海因可湿性粉剂 1 000～1 500 倍液等喷洒，每 7～10 天喷 1 次，连续喷 2～3 次。喷药时可混入微肥或喷施宝等叶肥，效果更佳。

（七）霜霉病

霜霉病俗称跑马干、黑毛病，是甜瓜和西瓜的毁灭性病害，在中国各瓜产区均有发生，甜瓜和西瓜常因此病而遭受惨重损失。

1. 症状　本病主要侵害叶片。发病初期叶片上先出现水渍状黄色斑点，病斑扩大后，受叶脉限制成黄褐色不规则多角形病斑。在潮湿环境下，病斑背面长有灰黑色霉层。甜瓜霜霉病在严重时迅速蔓延，病斑连片，全叶迅速呈黄褐色干枯，易破碎，病田植株一片枯黄，瓜瘦小，含糖量降低。

2. 发病条件　霜霉病的发生和流行与温湿度关系最大，特别是湿度。多雨潮湿温暖的天气利于霜霉病的流行。气温在15℃～22℃之间，降雨次数多，或大雾重露，病害蔓延迅速。如果温湿度控制不好，通风不良，造成室内湿度过高，日夜温差大，夜间容易结露，就会加重病害的发生。

发病重的一般是：连作地；靠近温室、大棚及苗床附近的瓜地；地势低洼、栽培过密、通风透光不良的地；肥料不足，浇水过多，排水不良，地面潮湿等地。

3. 防治措施

（1）农业防治　选用抗病品种，选择地势高、土质肥沃的沙壤地块栽种，施足基肥，追施磷肥、钾肥。在生长前期适当控水，结瓜后严禁大水漫灌，并注意排除田间积水。及时整枝打杈，保持株间通风良好。保护地栽培要调控好温度与湿度，晚间前半夜温度保持在 15℃～20℃，子夜以后湿度逐渐增至 90％左右，温度应控制在 10℃～13℃，通过低温控制病菌浸染。上午日出后，棚内或温室内温度升至 30℃，放风半小时左右，闭棚，让温度回升至 25℃～30℃，湿度不能超过 75％。对长势差的瓜秧，可进行根外追肥，即用 0.15kg 尿素加 0.5kg 红糖或白糖，对水 50kg，早上喷于叶面和叶背，每 5 天喷 1 次，共喷 4～5 次。

（2）药剂防治　发现中心病株结合摘除病叶并喷药重点防治。常用药剂有 25％瑞毒霉可湿性粉剂或 25％甲霜灵可湿性粉剂 500 倍液，或 75％百菌清可湿性粉剂 600 倍液，或 60％百菌通可湿性粉剂 300～500 倍液，或 58％甲霜灵锰锌可湿性粉剂 400 倍液，或 70％乙磷锰锌可湿性粉剂 350 倍液，或 90％疫霜灵可湿性粉剂 500 倍液。粉尘施药可用 5％百菌清粉尘和 7％防霉灵粉尘，每次每公顷施用 15kg。大棚内熏烟施药可用 45％百菌清烟熏剂或 21％杀菌烟熏剂，每次每公顷用药 3.75kg。

（八）白粉病

瓜类白粉病是一种分布广泛、侵害较重的病害，俗称白毛病、粉霉病。该病多发生在结瓜期和成熟期。病害一旦发生，常发展迅速，若不及时防治，常导致瓜叶枯焦，致使果实早期生长缓慢，植株早衰，严重影响瓜的品质和产量。

1. 发病症状　该病主要侵害叶片、叶柄，茎蔓也常受害，果实受害较少。发病初期，叶片上产生白色粉状小霉点，不久逐渐扩大成较大的白色粉霉斑，以后蔓延到叶柄和茎蔓甚至嫩果实上。严重时整个植株被白色粉状霉层所覆盖，叶发黄、变褐、质地变脆。后期白粉层出现黑褐色的小粒点。

2. 发病条件　田间高温干旱的条件能抑制病情的发展。温室、塑料大棚里的湿度大，空气不流通，白粉病较露地发病早而严重。凡栽培管理粗放、偏施氮肥、植株徒长、枝叶过密、通风不良、光照不足、株间湿度大、植株长势弱者，均有利于白粉病发生。

3. 防治措施

（1）农业防治　选用抗病品种。温室和塑料大棚（或拱棚）栽培，要注意通风换气，控制温度，降低湿度。作物收获后，要清洁田间，将病残株集中烧毁。

（2）药剂防治　发病初期，及时喷药，药剂应交替使用，以提高防治效果。常用药剂有15％粉锈宁可湿性粉剂1 000～1 500倍液，或20％粉锈宁乳油1 500～2 000倍液，或4％敌唑酮可湿性粉剂3 000～5 000倍液，或70％甲基托布津可湿性粉剂1 000～1 500倍液，或50％硫悬乳剂200～400倍液，或75％百菌清可湿性粉剂500～800倍液，或40％多·硫胶悬乳剂500倍液，或50％混杀硫悬浮剂500～600倍液。温室大棚内熏蒸每100m² 用硫黄粉200～250g和锯末500g，密闭熏1夜，室温保持在20℃左右；也可用45％百菌清烟剂（安全型），每公顷3 750g，分布多点烟熏，较为方便省力。甜瓜和西瓜抗硫性弱，在气温超过32℃时，不宜施药，以免产生药害。

（九）叶枯病

瓜类叶枯病又名褐斑病、褐点斑，侵害多种葫芦科植物。该病常引起叶片大量过早枯焦，致使瓜的产量降低，品质变劣，受害瓜田一般减产30％～65％，严重者绝收。

1. 发病症状　病害多发生在瓜类生长的中后期，主要侵害叶片，也侵害叶柄、瓜蔓和果实。一般多从基部叶片首先发病，先产生黄褐色小点，然后逐渐扩大，边缘隆起呈水渍状，病健部界限明显，但轮纹不明显。在高温高湿条件下叶面病斑较大，轮纹也较明显，几个病斑汇合成大斑，致使叶片干枯。瓜蔓受害时，蔓上产生褐色卵形或纺锤形小斑，其后病斑逐渐扩大并凹陷，呈灰褐色，导致植株生命力降低，在高温和风害的影响下，叶片很快枯焦，使果实直接暴露在阳光下，易受日灼病的危害。果实受害时，初见水渍状小斑，而后变褐色，略凹陷，湿度较大时在病斑上出现黑色轮纹状霉层，随着病情不断发展，部分病斑呈疮痂状，严重时瓜龟裂且腐烂。

2. 发病条件　高温、高湿有利于病害浸染，一般重茬地、土壤黏重、低洼积水、管理粗放、通风透光性差的瓜地易发病。

3. 防治措施

（1）农业防治　选择排水良好的沙质壤土，并要求土地平整；轮作倒茬，禁止与葫芦科、茄科作物连作。选用无病种子并进行种子消毒，温汤浸种用 55℃～60℃温水浸种 15 分钟。收获后及时翻晒土地，清洁田园，集中深埋或烧毁病残体可减少菌源。

（2）药剂防治　发病初期及时喷药保护，可用 50％速克灵湿性粉剂，或 50％扑海因可湿性粉剂 1 000 倍液，或 70％代森锰锌可湿性粉剂，或 70％DTM 可湿性粉剂 500 倍液，或 50％退菌特可湿性粉剂 500～600 倍液，或 1∶（0.5～1）∶（200～300）倍波尔多液。每隔 7～10 天喷 1 次，连续喷 2～3 次，有良好效果。若药剂交替使用，效果更佳。

（十）病毒病

瓜类病毒病又名花叶病，北方瓜区以花叶型病毒为主，随着品种更换，甜瓜病毒病已明显减轻。

1. 发病症状　主要有花叶型、皱缩型、黄色型和坏死型、复合浸染混合型等。花叶型，植株生长发育弱，首先在植株顶端叶片产生深绿色相间的花叶斑驳，叶片变小卷缩，畸形，对产量有一定影响。皱缩型，叶片皱缩，呈疱斑，严重时伴随有蕨叶、小叶和鸡爪叶等畸形。叶脉坏死和混合型，叶脉产生淡褐色的坏死，叶柄和瓜蔓上产生铁锈色坏死斑驳，常使叶片焦枯，茎扭曲，蔓节间缩短，植株矮化，果实受害变小，畸形，引起田间植株早衰死亡，甚至绝收。

2. 发病条件　缺水、缺肥，管理粗放者发病较重。一般播种期、定植早的发病轻。瓜田杂草丛生，以及附近种植蔬菜者，病源多的，发病也重。

3. 防治措施

（1）农业防治　选育和利用抗病品种，采用无病瓜留种，铲除田边杂苗，及时消灭带毒蚜虫，并加强栽培管理措施，是防治瓜类病毒病的主要途径。进行田间整枝、打杈、摘心、绑架等农事操作时，应将病株与健株分开进行，以免人为传染。在病株上操作后，应用肥皂水洗手。田间及地边杂草应彻底铲除干净，防止昆虫传毒。

（2）药剂防治　当在田间发现蚜虫中心株时，应及时采用涂茎法或点片喷药法进行控制，严禁大面积乱喷农药，以免对天敌造成伤害。喷雾法用 20％的速灭杀西乳油 1 000 倍液，或 50％抗蚜威可湿性粉剂 1 500～3 000 倍液，或 20％灭扫利乳油 3 000 倍液等。

（十一）细菌性斑点病

瓜类细菌性病害大发生时，可导致严重减产，个别地块因病叶焦枯，而改种其他作物。

1. 发病症状　该病在瓜类的整个生育期都可发病，主要侵害叶片，也可侵害果实和茎蔓。幼苗子叶受害时，在子叶边缘出现水渍状、圆形或不规则形的淡黄褐色小斑，不断扩展，使子叶干枯或局部干枯；病势向幼茎蔓延，引起幼茎腐烂，幼苗死亡。茎蔓、果实上的病斑初呈水渍状褐色略凹陷的椭圆形斑点，逐渐扩大后，常溃烂并龟裂，分泌出大量细菌黏液，向果内扩展，瓜果腐烂，一直延伸到种子上，致使种子带菌。

2. 发病条件　如果种子带菌，幼苗生病后遇持续阴雨天，病菌借雨滴的飞溅浸染，则田间病害易流行。连作田病原菌多，较容易发病，且病害发生重。品种间抗病性有明显差异，一般认为表皮层细胞结构紧密、皮层厚、气孔小者抗病性强。在多雾多露条件下，植株生长茂密，或保护地通风透光差，湿度大，发病重。

3. 防治措施

（1）农业防治　用无菌土育苗，与非葫芦科作物进行两年以上的轮作。播种前进行种子消毒。生长期及收获后清除病叶病蔓，并进行深埋，秋季深翻瓜地。平整土地，修好排水沟，避免田间有积水。施足腐熟的厩肥，及时追肥，合理灌水。温室和塑料大棚瓜要加强通风，降低室内湿度，减轻病害发生。

（2）药剂防治　发病初期，用农用链霉素或新植霉素200mg/L，或30%琥胶肥酸铜胶悬剂300～400倍液，或60%琥·三乙磷酸铝（DTM）可湿性粉剂500倍液，或波尔多液1：1：（200～300）倍液，或50%退菌特可湿性粉剂800～1 000倍液，或10%双效灵水剂300～400倍液等进行喷雾。保护地可喷55防细菌粉尘，每公顷每次喷15kg，每隔7天喷1次，效果更佳。

（十二）果实腐斑病

西瓜果实腐斑病又名西瓜水渍病、西瓜细菌性斑点病，是一种毁灭性的细菌病害。

1. 发病症状　西瓜果实腐斑病主要侵害西瓜果实、幼苗，叶片也可受害。发病初期在果实表面出现许多水渍状暗绿色小斑点，以后逐渐发展扩大为边缘不规则的深绿色水渍状的大斑，严重时果实龟裂、腐烂。叶片上的病斑为水渍状斑点，并带有黄色晕圈。幼苗受害后可导致叶片干枯，幼苗死亡。一般浅皮瓜比深绿色皮瓜易感病。

2. 发病条件　高湿是造成腐斑病发生和蔓延的主要条件，空气相对湿度高于70%以上或降雨过多的年份和地区往往发病重。腐斑病属于种传性细菌病害，带菌种子是病害传播的主要途径，其次是土壤中的病株残体带菌、未腐熟的有机肥料带菌，因此常造成重茬地发病严重。病菌借助于气流或雨水的飞溅和灌溉水传播。

3. 防治措施

（1）农业防治　加强检疫，严禁疫区种子传入，田间发现病株立即当地销毁。选用无病、抗病良种，并进行种子消毒，用甲醛溶液100倍液浸种30分钟，或用次氯酸钠300倍液浸种30～60分钟，或用100万单位硫酸链霉素500倍液浸种2小时。然后将种子用清水冲洗净，催芽、播种。用无病土育苗，与非瓜类作物实行两年以上轮作。加强田间管理，及时排除田间积水。合理整枝，减少伤口。生长期及收获后清除病蔓、病叶，并深埋。

（2）药剂防治　发病初期，开始喷洒14%络氨铜水剂300倍液，或50%甲霜铜可湿性粉剂600倍液，或50%琥胶肥酸铜（DT）可湿性粉剂500倍液，或72%农用链霉素可湿性粉剂400倍液，或1∶（0.5～0.8）∶（200～240）倍波尔多液等药剂，连续防治3～4次。

（十三）根结线虫病

根结线虫病是世界性的植物病害。

1. 发病症状　线虫寄生于植物的侧根或须根上，形成根结，开始如针头般大小，以后增生膨大，多个根结相连呈节结状或鸡爪状，或串珠状，表面粗糙，白色至黄白色，根结易腐烂。被寄生的根发育不良，侧根短而少，须根如发丝状。植物地上部分表面为营养不良，生长势衰弱，植株矮小黄瘦，影响结实，果实小，品质差，严重者叶落蔓枯，全田枯死。西瓜、甜瓜出苗5～7天，在根上就可形成白色圆形根结，如果根结密度过大，加之苗期缺水，则可导致幼苗急性死亡。瓜类整个生育期能多次重复浸染。

2. 发生规律　雨季有利于根结线虫孵化和浸染，土壤持水量40%时发育最为适宜，干燥或过湿的土壤都不利于其生活，沙土、沙壤土对其有利。

3. 防治方法

（1）农业防治　忌重茬连作，实行2～3年的轮作，或水旱轮作。鸡粪、棉籽饼等对线虫有一定的抑制作用，可选鸡粪、棉籽饼做基肥。灌水淹杀，作物收获后，大水漫灌浸淹1个月，可杀灭线虫。不施用未腐熟的含有线虫的有机肥料。选用无病土育苗。

（2）化学防治　施DD混剂，每公顷沟施300kg原液压实，熏蒸 15～20 天即可播种或定植。每公顷施 80％氯异丙醚乳油 1 350～2 550mL，或 10％力螨库颗粒剂 45～75kg，或 3％呋喃丹颗粒剂 30～45kg 处理土壤。

第二节　虫害防治

一、瓜蚜

瓜蚜别名棉蚜，属同翅目蚜科。

（一）症状

瓜蚜是棉花和瓜类的重要害虫，分布于世界各国和全国各地。

瓜蚜以成蚜和若蚜密集在植株嫩头和叶背吸收植物汁液。受害嫩头生长受抑，嫩叶卷曲，瓜苗萎蔫甚至枯死；老叶受害不卷叶，但提前凋落，影响产量。蚜虫传播病毒病，染病株早衰早枯，缩短结瓜期，造成严重减产。

（二）形态特征

无翅胎生雌蚜体长 1.5～1.9mm。头骨化，黑色。春秋两季体色墨绿，夏季黄绿色、淡黄至深黄色。触角第 3 节无感觉圈，第 5 节具 1 个，第 6 节膨大部具 3～4 个。前胸和第 1 腹节、第 7 腹节两侧各有 1 个指状缘瘤，每腹节背中央各有中毛 1 对，第 2 腹节至第 6 腹节都有缘斑，第 7 背、第 8 背中斑呈短横带。体表有清晰网纹。腹管黑色，其长度为尾片的 2.4 倍，尾片有曲毛 4～7 根。有翅孤雌蚜，体长 2mm、宽 0.86mm，第 6 腹节背面中央常有横带，第 2 节至第 4 节两侧各有 1 个明显的缘斑。第 3 节有次生感觉圈 4～10 个。

（三）防治方法

1. 歼灭蚜源　保护地里冬季继续繁殖的蚜虫，可轻而易举歼灭掉；温室瓜类上的蚜虫，用敌敌畏乳油每公顷 750～1 500mL 薰烟，密闭 3 小时，必要时连续进行 2～3 次，可全歼。

2. 早春灭蚜　北方埋土过冬的石榴上有大量蚜卵，在早春用铁钎管把磷化铝药片送入土墩中，封闭7～10天，可杀死墩内蚜卵。

3. 瓜地蚜虫　点片发生期，涂茎防治中心蚜株瓜地蚜虫。只要对蚜害中心株或中心叶片采用低毒、低残留的内吸性农药涂抹瓜蔓或有蚜叶片的叶柄（必要时5～7天1次，连续涂2～3次），就可全歼其上的瓜蚜。

4. 当瓜蚜大发生，用涂抹法或依靠天敌已不能控制蚜虫数量之时，可喷洒低残留农药，如灭杀毙（21％增效氰·马乳油）6 000倍液，或2.5％的功夫乳油4 000倍液，或2.5％天王星乳油3 000倍液，或20％的灭扫利乳油2 000倍液，或40％氰戊菊酯6 000倍液。最后一次用药离收获的天数（安全间隔期）不少于5～7天。保护地还可用杀蚜烟剂如22％敌敌畏烟剂，每公顷6 000～7 500g，密闭3小时，杀蚜达90％以上。

二、守瓜

（一）症状

守瓜成虫食叶、花、茎和幼瓜，伤口弧形或圆洞形，或把叶片吃光造成死苗，成虫有时还啃食成瓜瓜皮。成虫食性广，食多种植物叶片。幼虫聚集在土中食根或蛀根茎，大龄幼虫能伤至韧皮和木质部，使瓜苗、瓜蔓蔫枯死亡；幼虫还蛀食贴在地面的瓜果，引起瓜果腐烂。

（二）形态特征

1. 成虫

（1）黄足黄守瓜成虫　体长6～9mm、宽3.5～4.2mm，长椭圆形，体橙黄或橙红色，有时带棕色，上唇微带栗黑色，腹面后胸和腹节黑色，腹末大部分呈橙黄色。触角伸至鞘翅中部。前胸背板宽约长的2倍，有1条弯曲深横凹沟，沟两端达到侧缘。鞘翅中部之后略膨阔，翅面刻点细密。雌虫尾节臀板向后延伸，呈三角形突出；尾节腹片末端呈三角形凹缺，凹底有时尖锐。

（2）黑足黑守瓜成虫　体长 5.5～7mm、宽 3.2～4mm，全身极光亮，上唇、鞘翅、中胸和后胸腹板、侧板和足全是黑色；触角熏烟色，基部两节或末端数节有时色泽较浅，小盾片栗色或栗黑色，头、前胸和腹部橙黄至橙红色。

2. 卵　近球形，黄色，直径约 1mm，卵壳上有 6 角形蜂窝状网纹，孵化前呈灰白色。

3. 幼虫　仅有 3 对胸足。黄守瓜成长幼虫体长 12mm，头黄褐色，体黄白色，腹板腹面有肉质突起。黑守瓜幼虫胴部各节有明显瘤突，上生刚毛。

4. 裸形蛹　黄守瓜蛹长 9mm，黄白色，头顶、腹部有粗短的刺，腹末有巨刺两个。黑守瓜蛹灰黄色，头顶前胸及腹节有粗刺毛，腹末左右具指状突起，上附刺毛 3～4 根。

（三）防治方法

1. 消灭越冬虫源　清洁田间，深耕灌水，清除越冬场所杂草和聚集越冬的成虫，尤其是背风向阳面更要彻底清除。

2. 改造产卵环境　在植株周围撒施草木灰、石灰、锯末、稻糠或谷壳等物，阻止成虫产卵，以减轻幼根受害。

3. 捕捉成虫　利用其假死性用药水盆捕捉。

4. 药剂防治　守瓜的幼虫对杀虫剂也很敏感，药液灌根的防治效果很好。常用 50％辛硫磷 800～1 500 倍液或烟筋 30 倍浸泡液，每株灌药剂 100mL。防治成虫可用 40％氰戊菊酯 2 000 倍液或灭杀毙（21％增效氰马乳油）8 000 倍液。

三、叶螨

叶螨，俗名红蜘蛛、火龙，属蛛形纲真螨目叶螨科，与昆虫同属于节肢动物，但不是昆虫。

（一）症状

叶螨以成螨、若螨、幼螨吸食植物汁液，植物受害处出现细小的密集的失绿斑点，严重者全叶失绿，最终落叶、落果、枯死。

（二）形态特征

叶螨体躯由头胸部与腹部两部分组成，体躯不见明显的体节。没有触角，螯肢是第2头节的附肢。幼螨具3对足，若螨和成螨都是4对足。口器刺吸式，位于体躯前端。有眼2对，位于前半体背面，红色。背毛和肛毛共14对，爪间突分裂成2～3对刺毛，无爪状部分（借此区别于爪螨类）。

1. 成螨　4种叶螨的识别，见下表：

表1　4种叶螨的识别

形态特征		二斑叶螨	截形叶螨	土耳其斯坦叶螨	朱砂叶螨
雌螨	体长	529μm	526μm	543μm	483μm
	体宽	323μm	314μm	258μm	322μm
	体色	淡黄色或黄绿色，体躯两侧各有一个黑斑	深红足和颚白色，体侧有黑斑	黄绿色	锈红色或深红色
雄螨	体长	365μm	366μm	330μm	359μm
	体宽	192μm	190μm		195μm
	阳具	端锤弯向背面，微小	柄部宽阔弯向背面，形成一个小型端锤	柄部弯向背面，形成一个大形端锤	柄部弯向背面，形成端锤其背缘成一个钝角

2. 卵　圆球形，初产时无色，亮晶晶，渐变为橙红色，有光泽。

3. 幼螨　近球形，透明，足3对，取食后体色变深。

4. 若螨　足4对，2龄和3龄幼螨分别称为第1若螨期（前若螨）和第2若螨期（后若螨），雄螨只有第1若螨期。若螨期体背侧可见明显的块斑。

（三）防治方法

1. 农业防治

（1）根据叶螨在土中和地表的枯枝落叶中过冬的习性，实行轮作和深耕，破坏其栖息地及越冬场所，消灭越冬虫源，是最经济有效的办法。水旱轮作效果更好。

（2）铲除田边杂草，清除残枝败叶，可消灭部分虫源。

（3）天气干旱时，合理灌溉，可通过增加湿度创造不利于叶螨的环境，却有利于植株发挥补偿功能，从而减轻可能造成的经济损失。

2. 化学防治

（1）农克螨用 1.8％乳油 2 000 倍液效果极好，持效期长且无药害，对抗性叶螨效果好。

（2）放线菌 S3466 菌系的抗生物质，含有杀螨毒素 16％，再加入 20％的杀螨酯，对抗性叶螨有很好的防治效果。

（3）用灭扫利 20％乳油 2 000 倍液或螨克 20％乳油 2 000 倍液，或阿波罗 50％悬浮剂 5 000～6 000 倍液，或 20％悬浮剂 2 000～2 400 倍喷雾，杀螨卵、幼螨和若螨，抑制成螨产卵量及所产卵的孵化率，施药后 10 天可得显著效果，阿波罗的残效期长，施用 1 次即可。

此外，克螨特、三氯杀螨砜等农药都可杀叶螨，请按各农药的说明书使用。交替更换使用农药品种，是防止和延缓叶螨产生抗药性和防治抗性叶螨所必须注意的。

四、蓟马

（一）症状

蓟马为害花器、嫩茎、嫩芽、嫩叶和幼果。这些恰好是作物最敏感的器官和部位。受害后生长点萎缩，丛生，心叶不能开展，幼瓜毛茸变黑，表皮呈锈褐色，生长缓慢，严重时落花、落果，影响产量。

（二）形态特征

1. 成虫　锉吸式口器，前胸分离，中后胸愈合。翅细长，翅脉极少，周缘具长茸毛。腹部第 8 腹板和第 9 腹板间有一个镰刀形具锯齿的产卵器。

（1）烟蓟马　体长 1.2mm，体棕黄色，翅淡黄。腹部第 2 节至第 8 节背面前缘有栗色横条，头宽大于长，近长方形，单眼间鬃较短，位于前单眼之后 3 单眼中心连线的外缘。前胸宽大于长，后角有 2 对长鬃，中胸腹片内叉骨有刺；前翅前脉基部鬃 7～8 根，前鬃 4～6 根，后脉鬃 15～16 根。

（2）黄蓟马　体长 1～1.1mm，全体黄色。

（3）花蓟马　棕黄色，单眼间鬃位于 3 单眼中心连线上。触角粗短，头短于前胸。

2. 若虫　触角 6 节，共 4 龄，第 4 龄若虫有明显翅芽（不活动称伪蛹）。

3. 卵　长约 0.2mm，肾形。

（三）防治方法

1. 农业防治　清除杂草，增加灌溉，调节田间小气候，压低虫口。

2. 化学防治　用灭杀毙（21%增效氰·马乳油）6 000 倍液，或 50%辛硫磷 1 000 倍液，或 20%氯·马乳油 2 000 倍液，或 10%菊·马乳油 1 500 倍液，或 10%溴·马乳油 1 500 倍液液等喷雾。必要时可连续喷 2～3 次。

五、粉虱

粉虱，属同翅目粉虱科，遍布于全世界。

（一）症状

成虫和若虫刺吸植物汁液，被害叶退绿变黄凋落，甚至全株枯死。虫体排出大量蜜液，严重污染叶片和果实，引起煤污染。烟粉虱还传播病毒病。

（二）形态特征

1. 温室白粉虱　雌成虫体长约 1.1mm、雄成虫体长约 1mm，体淡黄色，全身及翅有白色蜡粉，停息时双翅在体上呈屋脊状似蛾类，翅端半圆形遮住整个腹部，翅脉简单，沿翅外缘有一排小颗粒。卵长约 0.21mm，有卵柄，柄长 0.12mm，从叶背的气孔插入植物组织。初产卵淡绿色，覆有蜡粉，孵化前渐由褐色变黑。卵多散产，偶尔可见卵粒排列成月牙形。一龄若虫体长约 0.27mm，浅黄色，胸足和触角发达，二龄若虫和三龄若虫体长约 0.38 和 0.55mm，足和触角萎缩，群居着生活，伪蛹期虫体伸长加厚，体背长出许多蜡突。

2. 烟粉虱　成虫体长约 1mm，身被白粉，卵长不及 0.2mm，有短柄。若虫从二龄起定居于叶背，五龄停止取食，称为伪蛹，透过蛹皮可见成虫红色复眼。

（三）防治方法

1. 消灭温室内的虫源　熏烟法最好，可用 22％敌敌畏烟剂，每公顷 6 000～7 500g，密闭 3 小时，需连续 2～3 次。

2. 以培育无虫苗为主要措施　把苗房与生产温室分开，通风口密封尼龙纱，控制外来虫源。避免瓜类、茄子、豆类混种。

3. 药剂防治　10％扑虱灵乳油的 1 000 倍液对粉虱特效，其残效期长达 20～30 天，也可用 25％的灭螨猛乳油 1 000 倍液，或灭杀毙 4 000 倍液，或 2.5％的天王星乳油 3 000 倍液，或 2.5％功夫乳油 5 000 倍液，或 20％灭扫利乳油 2 000 倍液，连续使用有良好效果。

六、斑潜蝇

斑潜蝇被许多国家列入检疫名单。

（一）形态特征

1. 成虫　小型蝇翅长约 2cm，背黑，腹黄。

（1）美洲斑潜蝇　胸背黑且亮，外顶鬃着生处为黑色，内顶鬃着生在黑黄交界处。

（2）三叶斑潜蝇　胸背黑、不亮，外顶鬃与内顶鬃着生处均为黄色。

（3）南美斑潜蝇　小盾片黄色，外顶鬃、内顶鬃和内顶鬃着生处为黄色。线斑潜蝇区别于番茄斑潜蝇的是至少外顶鬃着生处为黑色。

2. 卵　0.2～0.3mm，稍透明，米黄色。

3. 幼虫　蛆状，长约 3mm。幼虫共 3 龄，初孵化的幼虫无色，以后渐变为黄橙色。

4. 蛹　卵形，腹面稍平，（1.7～2.3）mm×（0.5～0.75）mm，橙黄色。蛹后气门孔数因种而异，三叶斑潜蝇 3 孔，南美斑潜蝇 6～9 孔，番茄斑潜蝇 7～12 孔，线斑潜蝇 10～12 孔。

（二）防治方法

1. 加强植物检疫　斑潜蝇可随寄主植物、盆栽花卉、花卉插条等做长距离传播。

2. 药剂防治　斑潜蝇对菊酯类等农药很容易产生抗性，宜混配或轮换农药品种。

七、瓜绢螟

瓜绢螟属鳞翅目螟蛾科。

（一）症状

幼虫食叶，幼龄幼虫在叶背啃食叶肉，呈灰白斑，三龄后吐丝缀合叶片和嫩梢，虫体栖居其中，取食时伸出头胸部，咬食叶片成缺刻或穿孔，或仅留叶脉。幼虫常蛀入瓜内，影响产量和质量。

（二）形态和特征

成虫体长 11mm，翅展 23～26mm，体白色带绢般交光，头、胸黑色，腹部白色，但第 1 节、第 7 节、第 8 节黑色，末端具黄褐色毛丛。前翅前缘、外缘和后翅外缘呈黑色宽带。卵扁平，椭圆形，淡黄色，表面有网纹，末龄幼虫体长 23～26mm，头、前胸背板淡褐色，胸腹部草绿色，亚背线较宽，乳白色；气门黑色。蛹长 14mm 左右，深褐色，头尖瘦，外被薄茧。

（三）生活史与习性

一年多代，世代重叠，在广东一年发生 6 代，以老熟幼虫或蛹在枯叶或表土中越冬，于翌年 4 月底羽化，成虫白天不活动，多在叶丛杂草间隐蔽，有趋光性。成虫的寿命为 6～14 天，雌蛾产卵于叶背，散产或几粒在一起，每雌可产卵 300～400 粒。卵期为 5～7 天，幼虫共 4 龄，幼虫期为 9～14 天，在卷叶或落叶中化蛹，蛹期为 6～9 天。

（四）防治方法

1. 农业防治　及时摘除卷叶和落叶，可消灭部分幼虫。

2. 化学防治　用 50％马拉硫磷 1 000 倍液，或 20％氯·马乳油 3 000 倍液，或 20％氰戊菊酯 3 000 倍液，或灭杀毙（21％增效氰·马乳油）8 000 倍液喷雾杀幼虫效果好。

八、瓜实蝇

瓜实蝇俗名黄蜂子、针蜂，幼虫叫瓜蛆，均属双翅目实蝇科。

（一）症状

以幼虫为害西瓜和甜瓜的幼瓜，幼虫蛀入瓜内取食，引起瓜腐烂，造成落瓜。主要为害甜瓜，其次才是西瓜。

（二）形态特征

瓜小实蝇成虫体长 7～9mm。头部带黄色。胸背部中央有纵带，一般纵带在 1/2 以下，翅前为深褐色，有圆形斑纹。卵长约 1.2mm，乳白色。幼虫老熟体长约 12mm，乳白色，蛆状。蛹为围蛹，长约 5.4mm，黄褐色。

（三）防治方法

1. 毒饵诱杀　可用发酵的糖醋液（醋 3 份，水 100 份），加入少量农药，盛于竹筒内或瓦钵内支于瓜田中约 33cm 高处，每公顷放置 60～90 个。诱剂材料可因地制宜，凡经发酵而释放出甜酸气味的物质均有诱杀效果。也可用大豆等蛋白质加水分解后加入杀虫剂来诱杀，效果也很好。

2. 药剂防治　在成虫始发期及时喷药防治。另外在开花期可喷诱蝇铜加 0.1％马拉松。

3. 保护幼瓜　幼瓜可用浸泡过药液的稻草覆盖或用塑料袋套上，防止成虫产卵。

4. 处理被害果　应及时摘除烂瓜，可将烂瓜先装入塑料兜内在日光下晒一段时间后埋入 1m 深的土中。如果烂瓜已掉落，则应在落瓜处地表面及附近地面扒疏土表后喷上杀虫剂，杀死幼虫并可防止蛹羽化。

九、种蝇

种蝇属双翅目花蝇科，俗称地蛆、种蛆、土蛆等。有的地区常与其他蝇类混合发生。

（一）症状

幼虫群集为害刚播下的种子，造成种子不发芽，或为害胚芽，有时也钻入种子为害胚乳和子叶。幼苗受害时，幼虫先从侧面钻破根茎表皮，后蛀食心部组织顺根茎向上钻，使瓜苗萎蔫枯死。受害的植株初期生育速度减缓，到了真叶期，瓜苗茎开始硬化，受害变轻或不受害了。

（二）形态特征

1. 成虫　体长 4～6mm，雌虫略大于雄虫，全身灰色或灰黄色（雄虫暗黄或暗褐色），两只复眼距离较宽，约为头宽的 1/3，触角黑色。胸部前翅基背毛短（雄虫胸部背面有 3 条黑纵纹），中足胫节外上方有一根刚毛，（雄虫后足胫节内侧下方有一列稠密等长而末端略弯的短毛），腹部背面中央第 2 节、第 4 节、第 5 节前半部有连接成一条不明显的纵纹（雄虫腹部各节背面中央整个贯穿一条黑色纵纹，各节节间有一条黑色横纹）。

2. 卵　长 0.6～1mm，长圆形，乳白色，表面有网状纹。

3. 幼虫　老熟幼虫长 7～8mm，乳白略带淡黄色。头退化，有一黑色口钩。腹部末端有 7 对肉质突起，第 7 对很小，第 1 对和 2 对位置等高，在一水平线上，从第 5 对、第 6 对起等长。

4. 蛹　围蛹，长 5～7mm，红褐色或黄褐色，尾端可见 7 对突起。

（三）防治方法

1. 农业防治　提早耕翻土地，在成虫羽化前耕翻，在浇水播种情况下，覆土时不要使湿土外露，以免湿土招致成虫产卵。不用未经腐熟的粪肥、饼肥等有机肥料。施粪肥、饼肥时不使肥料暴露地表面。在施底肥时也可预先用药剂处理。适时早播，使瓜幼苗期与种蝇成虫盛发期错开，防止大量成虫产卵为害。中耕除草，破坏幼虫、蛹的生长条件来减轻为害。加强田间管理，促进瓜苗生长健壮。

2. 化学防治　防治成虫时，在成虫盛发期瓜苗上喷杀虫剂，每隔 7～10 天喷 1 次，连续喷 3～4 次。可用烟末浸泡液（烟末：水＝1：50）浸泡 24 小时，或多硫化钙液（多硫化钙：水＝1：40）、氯硅酸钠液（氯硅酸钠：水＝1：200）浇灌根部。用稻草或麦秸浸泡敌敌畏后，铺于瓜苗茎基部，每隔 6～7 天换 1 次，可得到良好的效果。

十、地老虎

地老虎是瓜类苗期主要地下害虫之一。

（一）症状

小地老虎属多食性害虫。幼虫除为害幼苗柔嫩部位外，有时也为害瓜苗心叶等部位。

（二）形态特征

1. 成虫　体长 19～24mm，翅展 44～56mm，雌蛾触角丝状，雄蛾触角双栉齿状。前翅暗褐色，前缘色较深，亚基线、内外横线均为暗色，两线间有白色波状线。内外横线之间有明显的肾状纹和剑状纹，各纹均环以黑边，而肾状纹外侧有一个明显的黑色三角形的剑状纹，尖端向外，在亚外缘线内有两个尖端向内的黑色剑状纹，并三个剑状纹的尖端相对着。后翅灰白色，翅脉及翅边缘呈黑褐色，腹部均有灰色。

2. 卵　半球形，直径 1mm 左右、高 0.3mm，表面有纵横交叉的隆起线纹，初产为乳白色，孵化前为黄褐色，卵顶出现黑点。

3. 幼虫　老熟幼虫体长 45mm 左右，身体黄褐色至黑褐色，头部褐色，体表粗糙，布满黑色小颗粒，背线稍粗，褐色，亚背线不明显。腹部1~8节，背面各有两对毛片，呈梯形排列，前边的比后边的小。臀板黄褐色，有三条褐色纵带。

4. 蛹　体长20mm左右，红褐色，有光泽，腹部第5至第7节背面有一圈小黑点比侧面大而深，腹部末端黑色，具臀刺1对。

（三）防治方法

1. 农业防治　早春铲除地头、地边、田埂路旁等处的杂草，可消灭部分虫卵和早春的食物营养源。在作物幼苗期结合中耕除草，沤肥或烧毁，可消灭大量的卵和幼虫。改变栽培方法，如果适时改变播期，则可躲过地老虎幼虫的为害，用地膜覆盖可隔断成虫在寄主上产卵。

2. 诱杀成虫和幼虫　用糖、醋、酒、水以2：1：1：1的比例混合发酵液或用黑光灯等诱杀成虫，用泡桐树叶诱杀幼虫。将较老的泡桐树叶用水浸泡后铺放在田间，每公顷铺放1 050~1 200片叶，次日人工捉拿幼虫。

3. 化学防治　用50kg炒香的豆饼或麦麸拌上杀虫剂，傍晚撒于瓜苗基部附近，每公顷撒37.5~60kg，也可用小地老虎喜欢吃的菜叶、鲜草等寄主植物做饵料。3龄以后的幼虫白天常躲藏在地下2~3cm深处，可用常规杀虫剂二嗪农、杀抗松、灭多虫等农药的稀释液灌根灭幼虫。

十一、蝼蛄

蝼蛄均属直翅目蝼蛄科，俗称拉拉蛄、拉蛄和土狗子等。

（一）症状

蝼蛄的成虫和若虫均在土壤中咬食刚播下的瓜类种子，特别是刚发芽的瓜类种子和幼苗，使幼苗枯死。蝼蛄活动能将土表拱窜成许多纵横隧道，使瓜类幼苗与土层分离，导致幼苗因失水干枯而死苗。在温室或保护地内，由于土温、气温都比较稳定，更适宜蝼蛄活动，加上幼苗集中，因此受害更重。

（二）形态特征

1. 成虫　身体黄褐色，全身密布细茸毛。前足发达，为开掘足。前翅为卵椭圆形，后翅卷摺成筒形，长度超过腹部尖端，夹在两尾须之间，展开则成扇形。雄性有音锉，雌虫则无此结构。

2. 卵　椭圆形，初产时呈黄白色，后变为黄褐色，孵化前呈暗褐色。

3. 若虫　初孵化后的若虫，头细长，腹肥大，复眼红色，行动缓慢，2～3龄后体色变深近似成虫，有翅芽。

（三）防治方法

1. 农业防治　中耕除草，于春、夏挖毁蝼蛄窝，可消灭部分成虫、若虫和卵块。

2. 化学防治　用药剂与煮的半熟的谷秕或麦麸、豆饼、棉籽制成毒谷、毒饵，在无风闷热的傍晚撒在西瓜、甜瓜垄边或蝼蛄常出没活动的隧道处效果更好。

练习题

1. 西瓜甜瓜生理病害有哪些？

2. 简述猝倒病的发病症状、发病条件和防治方法。

3. 简述枯萎病的发病症状。

4. 简述疫病的防治方法。

5. 简述白粉病的发病症状、发病条件及防治方法。

6. 简述瓜类的虫害有哪些？

7. 简述瓜蚜的防治方法。